달달 풀고 곰곰 생각하는

달곰한 계산력

초등 5-2

참쌤스쿨

디지털 교육 컨텐츠를 전문적으로 제작하고 공유하여
교실과 학교, 교육의 변화를 꿈꾸는
현직 교사로 이루어진 전국 단위 전문적 학습 공동체입니다.

지 은 이 NE능률 수학교육연구소
참쌤스쿨 서효림
개발책임 차은실
개 발 한아름, 김다은, 김건희
디 자 인 오영숙, 한새미, 황유진
일러스트 이상화
영 업 한기영, 이경구, 박인규, 정철교, 김남준, 이우현
마 케 팅 박혜선, 남경진, 이지원, 김여진
펴 낸 이 주민홍
펴 낸 곳 서울시 마포구 월드컵북로 396(상암동) 누리꿈스퀘어 비즈니스타워 10층
㈜NE능률 (우편번호 03925)
펴 낸 날 2023년 11월 1일 초판 제1쇄
2024년 1월 5일 초판 제2쇄
전 화 02 2014 7114
팩 스 02 3142 0357
홈페이지 www.neungyule.com
등록번호 제1-68호

고객센터
교재 내용 문의: contact.nebooks.co.kr (별도의 가입 절차 없이 작성 가능)
제품 구매, 교환, 불량, 반품 문의: 02 2014 7114
☎ 전화 문의는 본사 업무 시간 중에만 가능합니다.

수학 공부를 하다 보면 이해가 안 돼서 어렵고, 또 재미도 없고…….

그래서 수학 공부를 하기 싫은 적이 있지 않나요?

수학이 어려운 가장 큰 이유는 지금 배우고 있는 수학 개념들이 대부분 글로 된 딱딱한 설명과 식으로 되어 있기 때문이죠.

그래서 설명을 읽어도 모르겠고, 식을 봐도 이해가 되지 않는 것이랍니다.

하지만! 어려운 수학 개념을 너무나 쉽게 이해할 수 있는 방법!

바로 비주얼 싱킹을 활용해서 수학 개념을 이해하고 문제를 풀어 보는 것이지요.

여러분들이 이해하기 쉽게 수학 개념을 풀어놓은 달곰한 계산력으로 수학 공부를 재미있게 해 보세요!

달곰한 계산력 한눈에 보기

1

학교 선생님이 아이들의 눈높이에 맞추어
설명한 연산 개념을 담았어요.

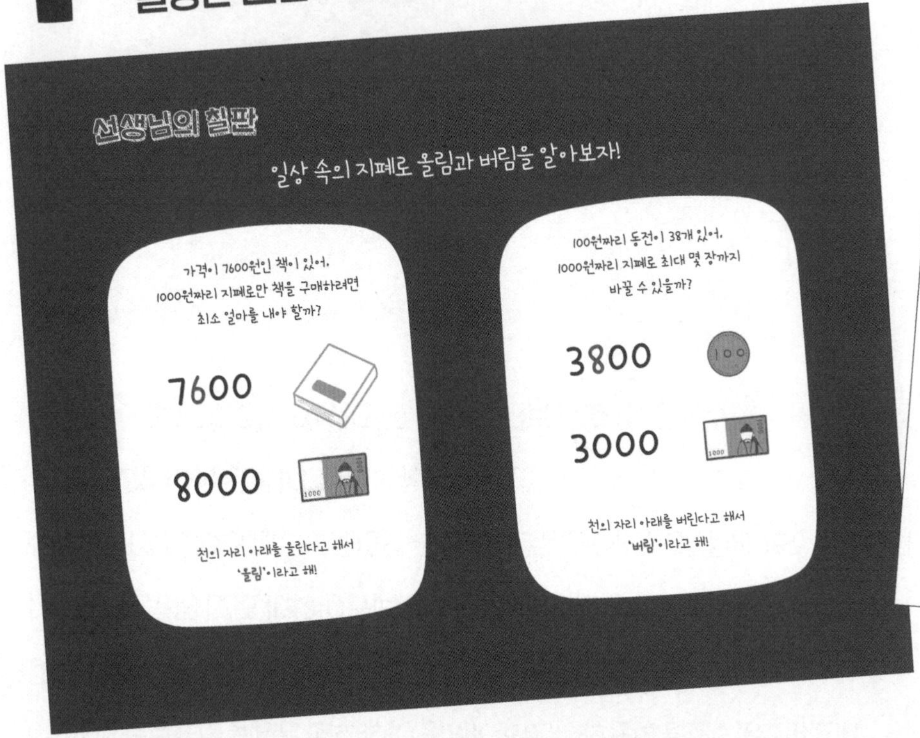

2

개념을 다시 한번 짚어주는 지문을 읽고
충분히 연습해요.

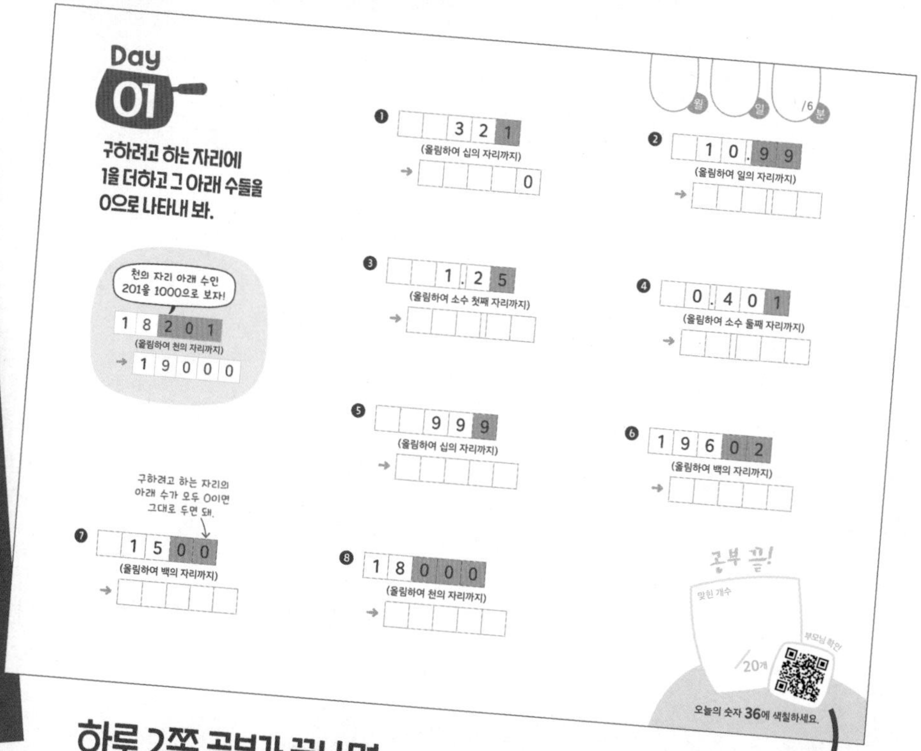

하루 2쪽 공부가 끝나면

QR로 빠르게 채점하고, 로직을 완성해요.

3 단계별 학습이 끝나면 재미있는 놀이 연산으로 연산 실력을 UP!

부모님 확인

연산 놀이터

반올림하여 백의 자리까지 나타냈을 때,
200이 되는 숫자들을 색칠하면 어떤 숫자가 나타날까?

250	270	140	130	80	320	300	380	253	264
260	160	189	215	90	121	245	216	248	68
138	99	89	170	127	131	196	304	257	78
149	100	119	220	108	141	172	277	305	128
320	199	189	249	145	111	157	162	240	138
315	178	79	301	137	108	152	303	230	148
121	168	297	109	134	267	200	287	222	132
110	151	210	235	147	302	203	182	243	149
108	270	290	268	319	325	330	398	288	269

나타나는 숫자는
(　　　)(이)야.

1~5단계, 6~9단계, 1~9단계 범위에 따라 연산 실력을 점검해 봐요.

범위 1단계 ~ 5단계

연산 실력 점검하기

맞힌 개수: /36　걸린 시간: /분

01 1020 (올림하여 백의 자리까지)
→ (　　　　　)

02 4.723 (버림하여 일의 자리까지)
→ (　　　　　)

03 2861 (반올림하여 천의 자리까지)
→ (　　　　　)

04 4823 (올림하여 십의 자리까지)
→ (　　　　　)

05 18581 (버림하여 백의 자리까지)
→ (　　　　　)

06 0.555 (반올림하여 소수 첫째 자리까지)
→ (　　　　　)

07 19999 (버림하여 만의 자리까지)
→ (　　　　　)

08 0.5462 (반올림하여 소수 둘째 자리까지)
→ (　　　　　)

09 $\frac{1}{4} \times 3$

10 $\frac{3}{8} \times 12$

11 $\frac{12}{35} \times 21$

12 $2\frac{2}{5} \times 2$

13 $1\frac{1}{9} \times 3$

14 $2\frac{5}{24} \times 21$

15 $1\frac{13}{75} \times 15$

16 $3 \times \frac{3}{10}$

권별 학습 내용

1-1	2-1	3-1
수를 모으고 가르기	받아올림이 한 번 있는 (두 자리 수)+(두 자리 수)	(몇십)×(몇)
합이 9까지인 덧셈	받아올림이 두 번 있는 (두 자리 수)+(두 자리 수)	올림이 없는 (두 자리 수)×(한 자리 수)
한 자리 수의 뺄셈	받아내림이 있는 (두 자리 수)-(두 자리 수)	십의 자리에서 올림이 있는 (두 자리 수)×(한 자리 수)
덧셈과 뺄셈의 관계	덧셈식, 뺄셈식에서 □의 값 구하기	일의 자리에서 올림이 있는 (두 자리 수)×(한 자리 수)
세 수의 덧셈과 뺄셈	같은 수를 여러 번 더하기	올림이 두 번 있는 (두 자리 수)×(한 자리 수)
(몇십)+(몇), (몇)+(몇십)	2단, 5단 곱셈구구	올림이 없는 (세 자리 수)×(한 자리 수)
(몇십몇)+(몇), (몇십몇)-(몇)	3단, 6단 곱셈구구	올림이 한 번 있는 (세 자리 수)×(한 자리 수)
(몇십)+(몇십), (몇십)-(몇십)	4단, 8단 곱셈구구	올림이 여러 번 있는 (세 자리 수)×(한 자리 수)
(몇십몇)+(몇십몇), (몇십몇)-(몇십몇)	7단, 9단 곱셈구구	나눗셈의 기초
		나눗셈의 몫 구하기

1-2	2-2	3-2
10을 모으고 가르기	곱셈구구 종합	(몇십)×(몇십), (몇십몇)×(몇십)
10이 되는 더하기, 10에서 빼기	받아올림이 없는 (세 자리 수)+(세 자리 수)	올림이 한 번 있는 (몇십몇)×(몇십몇)
두 수의 합이 10인 세 수의 덧셈	받아올림이 한 번 있는 (세 자리 수)+(세 자리 수)	올림이 여러 번 있는 (몇십몇)×(몇십몇)
받아올림이 있는 (몇)+(몇)	받아올림이 두 번 있는 (세 자리 수)+(세 자리 수)	(몇십)÷(몇), (몇백몇십)÷(몇)
두 수의 차가 10인 세 수의 뺄셈	받아올림이 세 번 있는 (세 자리 수)+(세 자리 수)	내림이 없고 나머지가 없는 (두 자리 수)÷(한 자리 수)
받아내림이 있는 (십몇)-(몇)	받아내림이 없는 (세 자리 수)-(세 자리 수)	내림이 있고 나머지가 없는 (두 자리 수)÷(한 자리 수)
덧셈과 뺄셈의 관계	받아내림이 한 번 있는 (세 자리 수)-(세 자리 수)	내림이 없고 나머지가 있는 (두 자리 수)÷(한 자리 수)
받아올림이 있는 (몇십몇)+(몇)	받아내림이 두 번 있는 (세 자리 수)-(세 자리 수)	내림이 있고 나머지가 있는 (두 자리 수)÷(한 자리 수)
받아내림이 있는 (몇십몇)-(몇)		백의 자리부터 몫을 구하는 (세 자리 수)÷(한 자리 수)
세 수의 덧셈과 뺄셈		백의 자리 수가 나누는 수보다 작은 (세 자리 수)÷(한 자리 수)

4 - 1	5 - 1	6 - 1
(몇백)×(몇십), (몇십)×(몇백)	덧셈과 뺄셈, 곱셈과 나눗셈이 섞여 있는 식	(자연수)÷(자연수), (진분수)÷(자연수)
(세 자리 수)×(몇십)	괄호가 없는 자연수의 혼합 계산	곱셈으로 계산하는 (진분수)÷(자연수)
(세 자리 수)×(두 자리 수)	괄호가 있는 자연수의 혼합 계산	(가분수)÷(자연수), (대분수)÷(자연수)
(몇백몇십)÷(몇십)	약수와 공약수, 배수와 공배수	(진분수)÷(진분수)
(두 자리 수)÷(몇십)	공약수와 최대공약수	(자연수)÷(진분수)
(세 자리 수)÷(몇십)	공배수와 최소공배수	(가분수)÷(진분수), (대분수)÷(진분수)
(두 자리 수)÷(두 자리 수)	약분과 통분	각 자리에서 나누어떨어지지 않는 (소수)÷(자연수)
몫이 한 자리 수인 (세 자리 수)÷(두 자리 수)	분모가 다른 진분수의 덧셈	0을 내리거나 몫에 0이 포함된 (소수)÷(자연수)
몫이 두 자리 수인 (세 자리 수)÷(두 자리 수)	분모가 다른 대분수의 덧셈	몫이 소수인 (자연수)÷(자연수)
	분모가 다른 진분수의 뺄셈	비와 비율
	분모가 다른 대분수의 뺄셈	백분율

4 - 2	5 - 2	6 - 2
대분수를 가분수로, 가분수를 대분수로 나타내기	어림하기	자릿수가 같은 (소수)÷(소수)
진분수의 덧셈	(분수)×(자연수)	자릿수가 다른 (소수)÷(소수)
대분수의 덧셈	(자연수)×(분수)	(자연수)÷(소수)
진분수의 뺄셈	(진분수)×(진분수)	몫을 반올림하여 나타내기
받아내림이 없는 대분수의 뺄셈	(대분수)×(대분수)	나누어 주고 남는 양
(자연수)−(분수)	세 분수의 곱셈	자연수, 분수, 소수의 혼합 계산
받아내림이 있는 대분수의 뺄셈	소수와 자연수의 곱셈	간단한 자연수의 비로 나타내기
자릿수가 같은 소수의 덧셈	(소수)×(소수)	비례식
자릿수가 다른 소수의 덧셈	분수와 소수의 혼합 계산	비례배분
자릿수가 같은 소수의 뺄셈		
자릿수가 다른 소수의 뺄셈		

44일 완성, 연산 지도법

단계	공부 내용	이렇게 지도해요	공부 날	쪽수
1 단계	어림하기	올림, 버림, 반올림에 대해서 알아보는 학습입니다. 개념을 이해하고 일상생활의 예시에 적용할 수 있도록 지도해 주세요.	DAY 1	10쪽
			DAY 2	12쪽
			DAY 3	14쪽
			DAY 4	16쪽
			DAY 5	18쪽
2 단계	(분수)×(자연수)	자연수와 분수를 서로 곱하는 방법에 대한 학습입니다. 자연수와 분수의 순서에 상관없이 자연수와 분수의 분자를 서로 곱하면 됨을 이해하고 값을 기약분수로 나타낼 수 있도록 지도해 주세요.	DAY 6	24쪽
			DAY 7	26쪽
			DAY 8	28쪽
			DAY 9	30쪽
			DAY 10	32쪽
3 단계	(자연수)×(분수)		DAY 11	38쪽
			DAY 12	40쪽
			DAY 13	42쪽
			DAY 14	44쪽
			DAY 15	46쪽
4 단계	(진분수)×(진분수)	분수끼리 곱하는 방법에 대한 학습입니다. 분모는 분모끼리, 분자는 분자끼리 곱하고 대분수의 경우 가분수로 바꿔서 나타내어 계산하며 값을 기약분수로 나타낼 수 있도록 지도해 주세요.	DAY 16	52쪽
			DAY 17	54쪽
			DAY 18	56쪽
			DAY 19	58쪽
			DAY 20	60쪽
5 단계	(대분수)×(대분수)		DAY 21	66쪽
			DAY 22	68쪽
			DAY 23	70쪽
			DAY 24	72쪽
			DAY 25	74쪽

단계	공부 내용	이렇게 지도해요	공부 날	쪽수
6 단계	세 분수의 곱셈	이전에 배웠던 개념을 응용하여 분모는 분모끼리, 분자는 분자끼리 곱하고 값을 기약분수로 나타낼 수 있도록 지도해 주세요.	DAY 26	80쪽
			DAY 27	82쪽
			DAY 28	84쪽
			DAY 29	86쪽
7 단계	소수와 자연수의 곱셈	소수와 자연수의 곱셈에 대한 학습입니다. 자연수처럼 계산하고 소수점을 찍는 방법에 대해 지도해 주세요.	DAY 30	92쪽
			DAY 31	94쪽
			DAY 32	96쪽
			DAY 33	98쪽
			DAY 34	100쪽
8 단계	(소수)×(소수)	소수끼리 곱하는 방법에 대한 학습입니다. 자연수처럼 계산하고 소수점을 찍는 방법에 대해 지도해 주세요.	DAY 35	106쪽
			DAY 36	108쪽
			DAY 37	110쪽
			DAY 38	112쪽
			DAY 39	114쪽
9 단계	분수와 소수의 혼합 계산	분수를 소수로, 소수를 분수로 나타내는 법에 대해 알아보고 계산 순서에 맞게 문제를 풀 수 있도록 지도해 주세요.	DAY 40	120쪽
			DAY 41	122쪽
			DAY 42	124쪽
			DAY 43	126쪽
			DAY 44	128쪽

01

어림하기

이번에는 무엇을 배울까?

이렇게 지도해요!

❶ 먼저 설명해 주세요.

일상생활의 예시를 통해 올림과 버림을 설명하였습니다. 주어진 상황에서의 올림과 버림을 이해하고 용어와 연결해 봅니다.

❷ 수를 이해하며 계산해요.

설명과 이어지는 내용으로 Day1과 Day2에서 문제를 풀어 보고, Day3에서 올림과 버림을 활용한 반올림에 대해서 알아봅니다.

❸ 충분히 연습해요.

Day4와 Day5의 문제 풀이를 통해 올림, 버림, 반올림을 능숙하게 다룹니다.

스스로 계획을 세워요!

	공부할 날짜	목표 시간	복습할 날짜
Day 01 / 44	월 / 일	분 / 20개	월 / 일
Day 02 / 44	월 / 일	분 / 20개	월 / 일
Day 03 / 44	월 / 일	분 / 19개	월 / 일
Day 04 / 44	월 / 일	분 / 22개	월 / 일
Day 05 / 44	월 / 일	분 / 10개	월 / 일

선생님의 칠판

일상 속의 지폐로 올림과 버림을 알아보자!

가격이 7600원인 책이 있어.
1000원짜리 지폐로만 책을 구매하려면
최소 얼마를 내야 할까?

7600 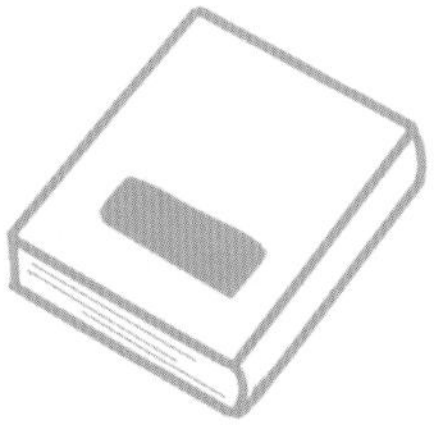

8000 

천의 자리 아래를 올린다고 해서
'올림'이라고 해!

100원짜리 동전이 38개 있어.
1000원짜리 지폐로 최대 몇 장까지
바꿀 수 있을까?

3800 

3000 

천의 자리 아래를 버린다고 해서
'버림'이라고 해!

Day 01

구하려고 하는 자리에 1을 더하고 그 아래 수들을 0으로 나타내 봐.

천의 자리 아래 수인 201을 1000으로 보자!

18201 (올림하여 천의 자리까지) → 19000

❶ 321 (올림하여 십의 자리까지) → □□□□0

❷ 10.99 (올림하여 일의 자리까지) → □□□□□

❸ 1.25 (올림하여 소수 첫째 자리까지) → □□□□□

❹ 0.401 (올림하여 소수 둘째 자리까지) → □□□□□

❺ 999 (올림하여 십의 자리까지) → □□□□□

❻ 19602 (올림하여 백의 자리까지) → □□□□□

구하려고 하는 자리의 아래 수가 모두 0이면 그대로 두면 돼.

❼ 1500 (올림하여 백의 자리까지) → □□□□□

❽ 18000 (올림하여 천의 자리까지) → □□□□□

❾ 20000 (올림하여 만의 자리까지) → □□□□□

⑩ 2020 (올림하여 십의 자리까지)

→ (   )

⑪ 14902 (올림하여 만의 자리까지)

→ (   )

⑫ 1.025 (올림하여 소수 둘째 자리까지)

→ (   )

⑬ 19400 (올림하여 백의 자리까지)

→ (   )

⑭ 125 (올림하여 백의 자리까지)

→ (   )

⑮ 0.008 (올림하여 소수 첫째 자리까지)

→ (   )

⑯ 518 (올림하여 십의 자리까지)

→ (   )

⑰ 812 (올림하여 십의 자리까지)

→ (   )

⑱ 23.01 (올림하여 일의 자리까지)

→ (   )

⑲ 8152 (올림하여 천의 자리까지)

→ (   )

⑳ 2600 (올림하여 백의 자리까지)

→ (   )

공부 끝!

맞힌 개수 /20개

부모님 확인

오늘의 숫자 **36**에 색칠하세요.

Day 02

구하려고 하는 자리의 아래 수들을 모두 0으로 만들어 봐.

천의 자리 아래 수인 201을 0으로 보자!

1	8	2	0	1

(버림하여 천의 자리까지)

→ | 1 | 8 | 0 | 0 | 0 |

❶ 3 2 1 (버림하여 십의 자리까지)

→ _ _ _ _ 0

❷ 1 0 . 9 9 (버림하여 일의 자리까지)

→ _ _ _ _ _

❸ 1 . 2 5 (버림하여 소수 첫째 자리까지)

→ _ _ _ _ _

❹ 0 . 4 0 1 (버림하여 소수 둘째 자리까지)

→ _ _ _ _ _

❺ 9 9 9 (버림하여 십의 자리까지)

→ _ _ _ _ _

❻ 1 9 6 0 2 (버림하여 백의 자리까지)

→ _ _ _ _ _

구하려고 하는 자리의 아래 수가 모두 0이면 그대로 두면 돼.

❼ 1 5 0 0 (버림하여 백의 자리까지)

→ _ _ _ _ _

❽ 1 8 0 0 0 (버림하여 천의 자리까지)

→ _ _ _ _ _

❾ 2 0 0 0 0 (버림하여 만의 자리까지)

→ _ _ _ _ _

⑩ 1980 (버림하여 십의 자리까지)

→ (   )

⑪ 512 (버림하여 백의 자리까지)

→ (   )

⑫ 3.1415 (버림하여 소수 둘째 자리까지)

→ (   )

⑬ 8451 (버림하여 백의 자리까지)

→ (   )

⑭ 12 (버림하여 십의 자리까지)

→ (   )

⑮ 0.15 (버림하여 소수 첫째 자리까지)

→ (   )

⑯ 14000 (버림하여 천의 자리까지)

→ (   )

⑰ 2.913 (버림하여 소수 첫째 자리까지)

→ (   )

⑱ 40.123 (버림하여 일의 자리까지)

→ (   )

⑲ 19999 (버림하여 만의 자리까지)

→ (   )

⑳ 15.25 (버림하여 일의 자리까지)

→ (   )

공부 끝!

맞힌 개수

/20개

부모님 확인

오늘의 숫자 **89**에 색칠하세요.

Day 03

구하려고 하는 자리의 바로 아래 자리 숫자가 0, 1, 2, 3, 4이면 버림하고 5, 6, 7, 8, 9이면 올림해 봐.

이러한 어림을 반올림이라고 해!

백의 자리 숫자가 4니까 499를 0으로!

1	8	4	9	9

(반올림하여 천의 자리까지)

→ | 1 | 8 | 0 | 0 | 0 |

백의 자리 숫자가 6이니까 600을 1000으로!

1	8	6	0	0

(반올림하여 천의 자리까지)

→ | 1 | 9 | 0 | 0 | 0 |

❶ | | | 3 | 2 | 4 |

(반올림하여 십의 자리까지)

→ | | | | | 0 |

❷ | | 1 | 0 . | 5 | 9 |

(반올림하여 일의 자리까지)

→ | | | | | |

❸ | | | 1 . | 2 | 5 |

(반올림하여 소수 첫째 자리까지)

→ | | | | | |

❹ | | 0 . | 4 | 0 | 4 |

(반올림하여 소수 둘째 자리까지)

→ | | | | | |

❺ | | | 9 | 9 | 9 |

(반올림하여 십의 자리까지)

→ | | | | | |

❻ | | 2 | 4 | 6 | 8 |

(반올림하여 백의 자리까지)

→ | | | | | |

❼ | 1 | 8 | 0 | 9 | 9 |

(반올림하여 천의 자리까지)

→ | | | | | |

❽ | 2 | 0 | 1 | 2 | 3 |

(반올림하여 만의 자리까지)

→ | | | | | |

9 2023 (반올림하여 십의 자리까지)

→ (　　　　　　　　　　)

10 15000 (반올림하여 만의 자리까지)

→ (　　　　　　　　　　)

11 0.025 (반올림하여 소수 둘째 자리까지)

→ (　　　　　　　　　　)

12 4392 (반올림하여 백의 자리까지)

→ (　　　　　　　　　　)

13 196 (반올림하여 백의 자리까지)

→ (　　　　　　　　　　)

14 0.001 (반올림하여 소수 첫째 자리까지)

→ (　　　　　　　　　　)

15 61785 (반올림하여 십의 자리까지)

→ (　　　　　　　　　　)

16 12.5 (반올림하여 십의 자리까지)

→ (　　　　　　　　　　)

17 54.21 (반올림하여 일의 자리까지)

→ (　　　　　　　　　　)

18 1499 (반올림하여 천의 자리까지)

→ (　　　　　　　　　　)

19 8165 (반올림하여 천의 자리까지)

→ (　　　　　　　　　　)

공부 끝!

맞힌 개수 　/19개

부모님 확인

오늘의 숫자 **72**에 색칠하세요.

Day 04

구하려는 자리의
아래 수들을 살펴보고
바르게 어림해 봐.

❶ 5031 (올림하여 십의 자리까지)

→ ( )

❷ 7048 (버림하여 천의 자리까지)

→ ( )

❸ 1.085 (반올림하여 소수 둘째 자리까지)

→ ( )

❹ 57890 (반올림하여 백의 자리까지)

→ ( )

❺ 100 (올림하여 백의 자리까지)

→ ( )

❻ 1.001 (올림하여 소수 첫째 자리까지)

→ ( )

❼ 5.126 (버림하여 일의 자리까지)

→ ( )

❽ 914 (반올림하여 십의 자리까지)

→ ( )

❾ 85.49 (반올림하여 일의 자리까지)

→ ( )

❿ 1500 (반올림하여 천의 자리까지)

→ ( )

⓫ 70456 (올림하여 천의 자리까지)

→ ( )

⑫ 8.001 (버림하여 소수 첫째 자리까지)

→ (   )

⑬ 4001 (반올림하여 십의 자리까지)

→ (   )

⑭ 19876 (버림하여 만의 자리까지)

→ (   )

⑮ 715 (반올림하여 십의 자리까지)

→ (   )

⑯ 1230 (버림하여 백의 자리까지)

→ (   )

⑰ 850.1 (올림하여 십의 자리까지)

→ (   )

⑱ 0.006 (올림하여 일의 자리까지)

→ (   )

⑲ 8945 (버림하여 천의 자리까지)

→ (   )

⑳ 10.14 (반올림하여 소수 첫째 자리까지)

→ (   )

㉑ 3.141 (반올림하여 소수 둘째 자리까지)

→ (   )

㉒ 563 (올림하여 십의 자리까지)

→ (   )

공부 끝!

맞힌 개수

/22개

부모님 확인

오늘의 숫자 **35**에 색칠하세요.

월 일 /8 분

Day 05

수를 어림하여 주어진 자리까지 나타내 봐.

❶ 54654

	천의 자리까지	십의 자리까지
올림		
버림		
반올림		

❷ 20390

	만의 자리까지	백의 자리까지
올림		
버림		
반올림		

❸ 0.1829

	소수 첫째 자리까지	소수 둘째 자리까지
올림		
버림		
반올림		

❹ 13.584

	일의 자리까지	소수 둘째 자리까지
올림		
버림		
반올림		

❺ 1.0641

	소수 첫째 자리까지	소수 셋째 자리까지
올림		
버림		
반올림		

❻ 12500

	천의 자리까지	십의 자리까지
올림		
버림		
반올림		

❼ 60.052

	일의 자리까지	소수 둘째 자리까지
올림		
버림		
반올림		

❽ 852.14

	십의 자리까지	소수 첫째 자리까지
올림		
버림		
반올림		

❾ 0.006

	일의 자리까지	소수 둘째 자리까지
올림		
버림		
반올림		

❿ 55465

	만의 자리까지	십의 자리까지
올림		
버림		
반올림		

공부 끝!

맞힌 개수

/10개

부모님 확인

오늘의 숫자 **88**에 색칠하세요.

연산 놀이터

반올림하여 백의 자리까지 나타냈을 때,
200이 되는 숫자들을 색칠하면 어떤 숫자가 나타날까?

부모님 확인

250	270	140	130	80	320	300	380	253	264
260	160	189	215	90	121	245	216	248	68
138	99	89	170	127	131	196	304	257	78
149	100	119	220	108	141	172	277	305	128
320	199	189	249	145	111	157	162	240	138
315	178	79	301	137	108	152	303	230	148
121	168	297	109	134	267	200	287	222	132
110	151	210	235	147	302	203	182	243	149
108	270	290	268	319	325	330	398	288	269

02

(분수)×(자연수)

이번에는 무엇을 배울까?

어림하기 | **(분수)×(자연수)** | (자연수)×(분수)

이렇게
지도해요!

❶ 먼저 설명해 주세요.

(분수)×(자연수)의 내용을 그림과 말로 풀어내었습니다.
'곱하기는 같은 수를 여러 번 더하는 것'이라는 개념을
이용하여 분수와 자연수 곱셈의 방법을 이해합니다.

❷ 수를 이해하며 계산해요.

설명과 이어지는 그림을 이용하여 Day6에서
재미있게 문제를 풉니다.

❸ 충분히 연습해요.

Day7 ~ Day10의 문제 풀이를 통해
(분수)×(자연수)의 계산 방법을 익히고, 능숙하게
계산하여 (분수)×(분수)의 기초를 다집니다.

스스로 계획을
세워요!

	공부할 날짜	목표 시간	복습할 날짜
Day 06 44	월 / 일	분 / 13개	월 / 일
Day 07 44	월 / 일	분 / 26개	월 / 일
Day 08 44	월 / 일	분 / 26개	월 / 일
Day 09 44	월 / 일	분 / 37개	월 / 일
Day 10 44	월 / 일	분 / 37개	월 / 일

선생님의 칠판

$\frac{1}{3} \times 2$를 어떻게 구할까?

분모는 그대로 두고 분자와 자연수를 곱하면 돼!

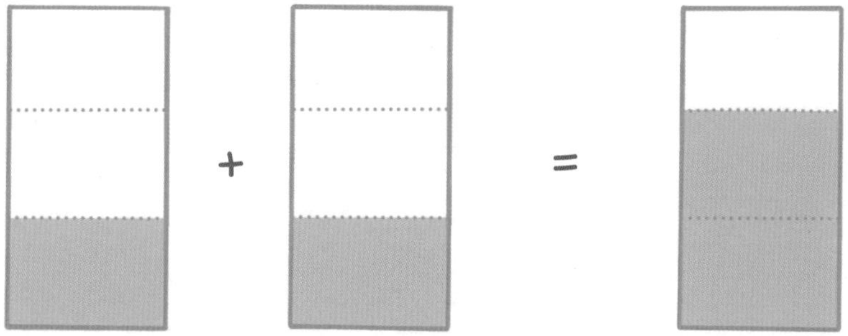

$\frac{1}{3}$ + $\frac{1}{3}$ = $\frac{1}{3} \times 2 = \frac{2}{3}$

Day 06

분수를 곱한 자연수만큼 이어서 색칠하고 값을 적어 봐.

가장 큰 네모 1개는 1을 의미해.

❶
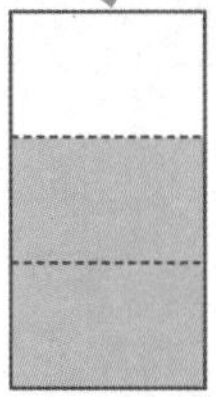

$\frac{1}{3} \times 2$

❷

$\frac{1}{4} \times 3$

❸
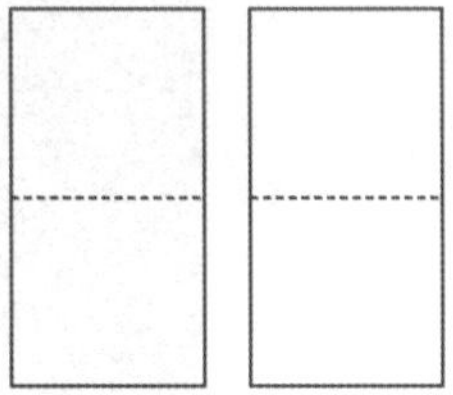

$\frac{1}{2} \times 3$

❹
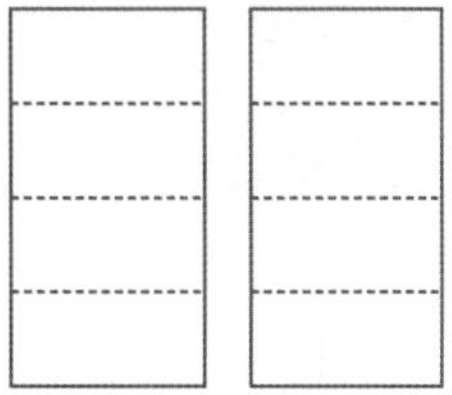

$\frac{3}{4} \times 2$

❺
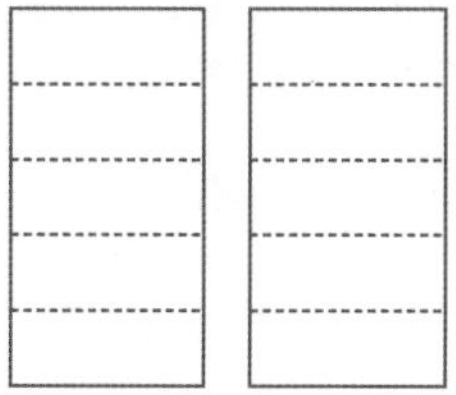

$\frac{2}{5} \times 4$

❻
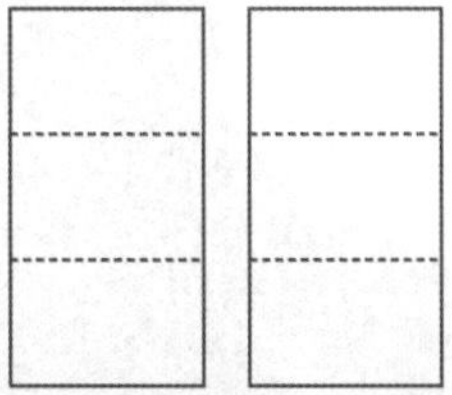

$\frac{2}{3} \times 3$

❼
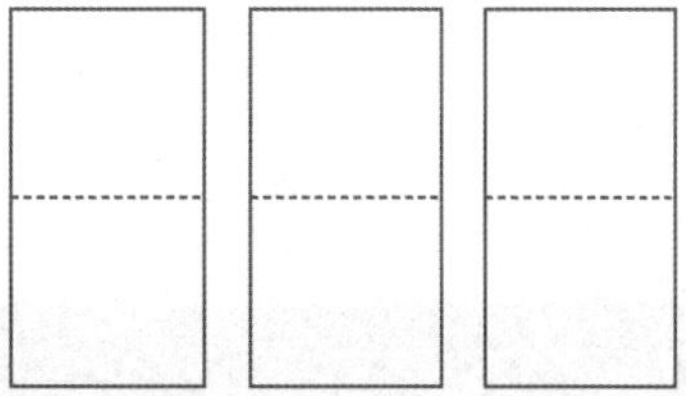

$\frac{1}{2} \times 6$

❽
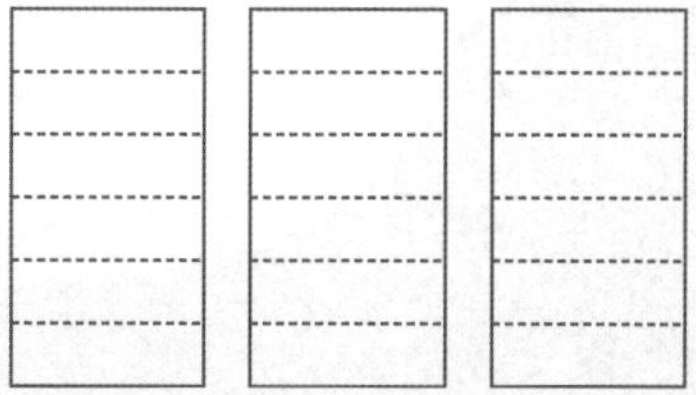

$\frac{5}{6} \times 3$

❾ 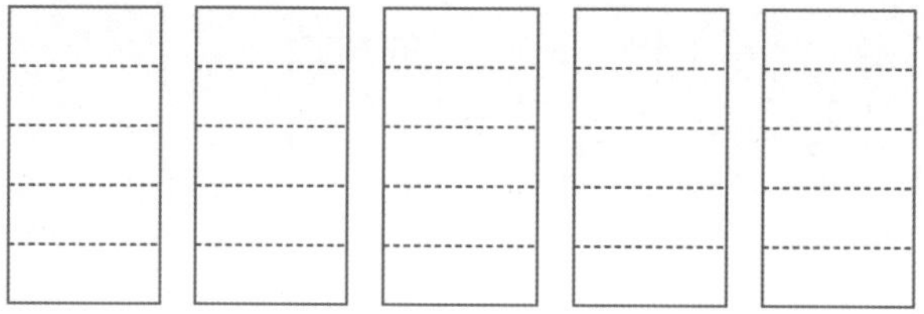

$\frac{2}{5} \times 12$

❿ 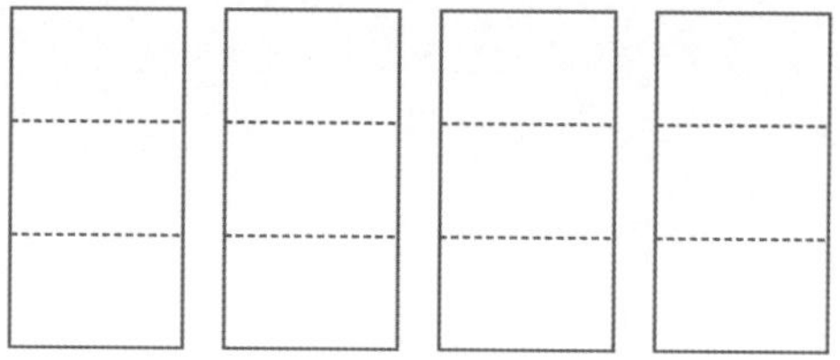

$1\frac{1}{3} \times 3$

⓫ 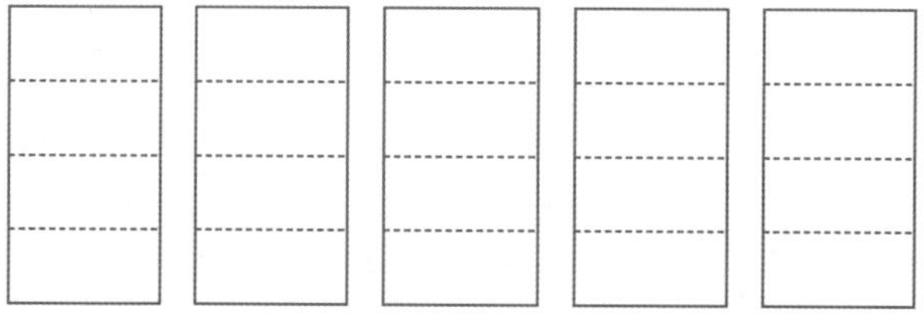

$2\frac{1}{4} \times 2$

⓬ 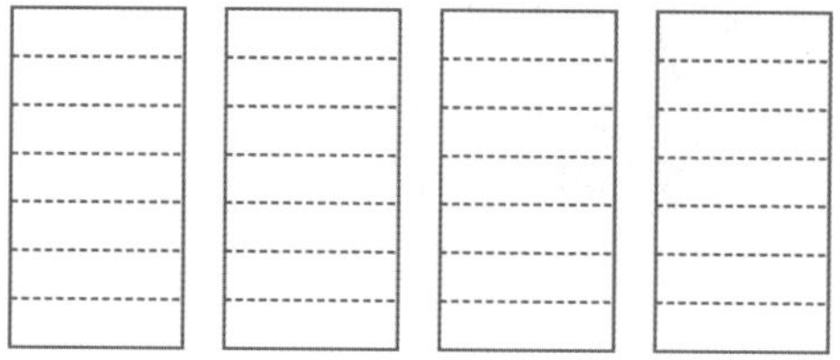

$\frac{3}{7} \times 8$

⓭ 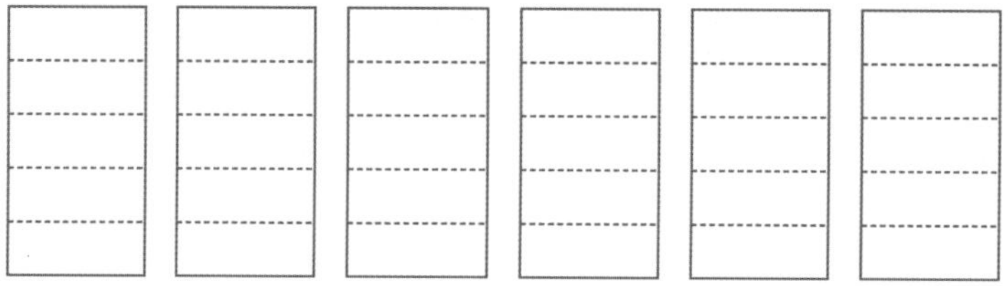

$1\frac{2}{5} \times 4$

공부 끝!

맞힌 개수

/13개

부모님 확인

Day 07

분자와 자연수를 곱하고 약분하면 돼.

❶ 분수의 분자와 자연수를 곱해.

$$\frac{3}{\overset{}{\underset{2}{\cancel{4}}}} \times \overset{1}{\cancel{2}} = \frac{3 \times 1}{2} = \frac{3}{2} = 1\frac{1}{2}$$

❷ 가분수를 대분수로 나타내.

❶ $\frac{3}{7} \times 4 = \frac{3 \times 4}{7} = \frac{\square}{7} = \square$

❷ $\frac{2}{5} \times 3 = \frac{\square}{5} = \frac{\square}{5} = \square$

❸ $\frac{1}{4} \times 15 = \frac{\square}{4} = \frac{\square}{4} = \square$

❹ $\frac{3}{8} \times 7 = \frac{\square}{8} = \frac{\square}{8} = \square$

❺ $\frac{13}{20} \times 7 = \frac{\square}{20} = \frac{\square}{20} = \square$

❻ $\frac{5}{12} \times 5 = \frac{\square}{12} = \frac{\square}{12} = \square$

❼ $\frac{3}{10} \times 9 = \frac{\square}{10} = \frac{\square}{10} = \square$

❽ $\frac{1}{12} \times 6$

❾ $\frac{3}{8} \times 12$

❿ $\frac{2}{3} \times 5$

⓫ $\frac{7}{12} \times 4$

⓬ $\frac{2}{7} \times 7$

⓭ $\frac{2}{9} \times 6$

⓮ $\frac{5}{32} \times 12$

⓯ $\frac{8}{15} \times 24$

⓰ $\frac{13}{20} \times 12$

⓱ $\frac{3}{8} \times 4$

⓲ $\frac{5}{7} \times 4$

⓳ $\frac{3}{10} \times 8$

⓴ $\frac{5}{14} \times 7$

㉑ $\frac{1}{16} \times 6$

㉒ $\frac{2}{17} \times 4$

㉓ $\frac{5}{24} \times 18$

㉔ $\frac{1}{2} \times 4$

㉕ $\frac{5}{18} \times 6$

㉖ $\frac{15}{22} \times 14$

공부 끝!

맞힌 개수 /26개

부모님 확인

오늘의 숫자 **11**에 색칠하세요.

Day 08

대분수는 가분수로 고쳐서 분수의 분자와 자연수를 곱해.

❷ 분수의 분자를 자연수와 곱해.

$$1\frac{1}{4} \times 6 = \frac{5}{\cancel{4}_{2}} \times \cancel{6}^{3} = \frac{5 \times 3}{2} = \frac{15}{2} = 7\frac{1}{2}$$

❶ 대분수를 가분수로 고쳐. ❸ 가분수를 대분수로 나타내.

❶ $1\frac{1}{9} \times 4 = \frac{10}{9} \times 4 = \frac{10 \times 4}{9} = \frac{40}{9} = \square$

❷ $2\frac{1}{3} \times 5 =$ __________

❸ $5\frac{2}{5} \times 2 =$ __________

❹ $3\frac{4}{7} \times 2 =$ __________

❺ $5\frac{1}{3} \times 4 =$ __________

❻ $1\frac{3}{4} \times 5 =$ __________

❼ $1\frac{1}{6} \times 7 =$ __________

⑧ $1\frac{1}{15} \times 3$

⑨ $1\frac{1}{14} \times 7$

⑩ $2\frac{2}{3} \times 2$

⑪ $1\frac{5}{28} \times 21$

⑫ $2\frac{2}{9} \times 15$

⑬ $5\frac{1}{12} \times 8$

⑭ $1\frac{2}{7} \times 3$

⑮ $2\frac{1}{25} \times 15$

⑯ $3\frac{1}{4} \times 2$

⑰ $3\frac{1}{3} \times 6$

⑱ $1\frac{1}{24} \times 18$

⑲ $3\frac{1}{5} \times 10$

⑳ $1\frac{1}{8} \times 6$

㉑ $1\frac{1}{4} \times 12$

㉒ $12\frac{1}{2} \times 4$

㉓ $3\frac{1}{2} \times 14$

㉔ $1\frac{1}{60} \times 15$

㉕ $1\frac{1}{20} \times 15$

㉖ $3\frac{3}{5} \times 25$

공부 끝!

맞힌 개수 /26개

부모님 확인

오늘의 숫자 **87**에 색칠하세요.

Day 09

분자와 자연수를 곱하고 분모와 약분을 한 다음 대분수로 나타내면 돼.

❶ $\frac{10}{27} \times 9$ (약분해 봐!)

❷ $\frac{3}{8} \times 6$

❸ $\frac{1}{81} \times 18$

❹ $\frac{1}{4} \times 3$

❺ $\frac{1}{33} \times 44$

❻ $\frac{7}{15} \times 9$

❼ $\frac{2}{3} \times 5$

❽ $\frac{5}{12} \times 18$

❾ $\frac{7}{9} \times 8$

❿ $\frac{9}{16} \times 6$

⓫ $\frac{5}{6} \times 8$

⓬ $\frac{1}{3} \times 7$

⓭ $\frac{7}{10} \times 4$

⓮ $\frac{3}{11} \times 2$

⓯ $\frac{2}{3} \times 15$

⓰ $\frac{7}{52} \times 91$

⓱ $\frac{25}{81} \times 12$

⓲ $\frac{1}{2} \times 8$

⑲ $2\frac{2}{5} \times 5$

가분수로 고친 후 약분해!

⑳ $8\frac{2}{3} \times 3$

㉑ $2\frac{2}{17} \times 2$

㉒ $4\frac{3}{8} \times 4$

㉓ $2\frac{1}{7} \times 4$

㉔ $7\frac{1}{12} \times 4$

㉕ $6\frac{5}{6} \times 2$

㉖ $5\frac{2}{5} \times 5$

㉗ $4\frac{1}{2} \times 6$

㉘ $1\frac{1}{4} \times 5$

㉙ $1\frac{1}{99} \times 4$

㉚ $2\frac{2}{33} \times 22$

㉛ $3\frac{5}{6} \times 3$

㉜ $4\frac{12}{13} \times 5$

㉝ $1\frac{2}{3} \times 12$

㉞ $5\frac{5}{12} \times 4$

㉟ $1\frac{13}{42} \times 35$

㊱ $3\frac{25}{27} \times 9$

㊲ $4\frac{4}{5} \times 3$

공부 끝!

맞힌 개수 /37개

부모님 확인

오늘의 숫자 38에 색칠하세요.

Day 10

분자와 자연수는 서로 곱해야 하니까 약분하지 않도록 주의해야 해.

❶ $\frac{3}{14} \times 21$

❷ $\frac{1}{11} \times 16$

❸ $\frac{3}{8} \times 6$

❹ $\frac{2}{33} \times 12$

❺ $\frac{3}{16} \times 4$

❻ $\frac{2}{3} \times 4$

❼ $\frac{3}{4} \times 10$

❽ $\frac{3}{20} \times 12$

❾ $\frac{5}{12} \times 14$

❿ $\frac{5}{14} \times 5$

⓫ $\frac{8}{15} \times 9$

⓬ $\frac{5}{12} \times 9$

⓭ $\frac{8}{65} \times 26$

⓮ $\frac{1}{6} \times 14$

⓯ $\frac{5}{9} \times 5$

⓰ $\frac{1}{5} \times 15$

⓱ $\frac{22}{45} \times 15$

⓲ $\frac{25}{34} \times 2$

⑲ $1\frac{1}{3} \times 4$

⑳ $1\frac{5}{7} \times 2$

㉑ $4\frac{2}{5} \times 3$

㉒ $1\frac{7}{18} \times 4$

㉓ $2\frac{5}{6} \times 3$

㉔ $1\frac{3}{10} \times 5$

㉕ $6\frac{1}{12} \times 10$

㉖ $2\frac{1}{30} \times 6$

㉗ $3\frac{3}{4} \times 6$

㉘ $2\frac{5}{8} \times 12$

㉙ $5\frac{1}{2} \times 4$

㉚ $1\frac{1}{48} \times 28$

㉛ $1\frac{3}{5} \times 5$

㉜ $1\frac{3}{22} \times 11$

㉝ $3\frac{1}{8} \times 4$

㉞ $2\frac{1}{2} \times 3$

㉟ $1\frac{2}{25} \times 25$

㊱ $2\frac{1}{12} \times 8$

㊲ $7\frac{1}{7} \times 3$

공부 끝!

맞힌 개수

/37개

부모님 확인

오늘의 숫자 **71**에 색칠하세요.

연산 놀이터

부모님 확인

접시 한 개는 $\frac{5}{6}$ kg이고 컵 한 개는 $\frac{3}{5}$ kg이야. 선반 위에 올라와 있는 접시들과 컵들의 총 무게는 각각 몇 kg인지 알아보자!

 : ☐ kg

 : ☐ kg

03

(자연수)×(분수)

이번에는 무엇을 배울까?

(분수)×(자연수) | **(자연수)×(분수)** | (진분수)×(진분수)

이렇게 지도해요!

❶ 먼저 설명해 주세요.

(자연수)×(분수)의 내용을 그림과 말로 풀어내었습니다. '곱하기는 같은 수를 여러 번 더하는 것'이라는 개념을 이용하여 자연수와 분수 곱셈의 방법을 이해합니다.

❷ 수를 이해하며 계산해요.

설명과 이어지는 그림을 이용하여 Day11에서 재미있게 문제를 풉니다.

❸ 충분히 연습해요.

Day12 ~ Day15의 문제 풀이를 통해 (자연수)×(분수)의 계산 방법을 익히고, 능숙하게 계산하여 (분수)×(분수)의 기초를 다집니다.

스스로 계획을 세워요!

	공부할 날짜	목표 시간	복습할 날짜
Day 11/44	월 / 일	분 / 8개	월 / 일
Day 12/44	월 / 일	분 / 26개	월 / 일
Day 13/44	월 / 일	분 / 26개	월 / 일
Day 14/44	월 / 일	분 / 38개	월 / 일
Day 15/44	월 / 일	분 / 38개	월 / 일

선생님의 칠판

$3\times\frac{1}{4}$을 어떻게 구할까?

분모는 그대로 두고 자연수와 분자를 곱하면 돼!

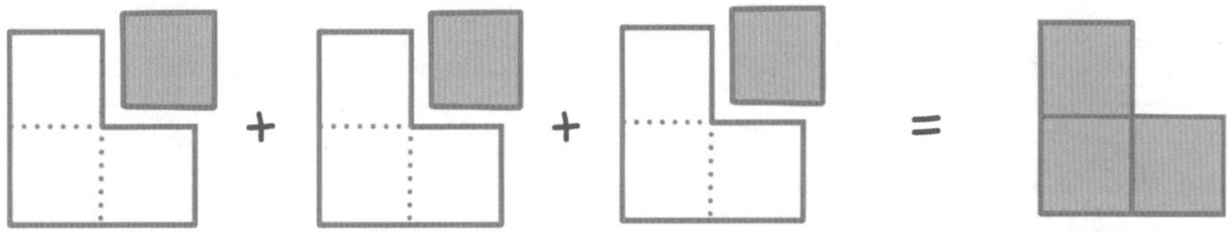

$\frac{1}{4}$ $\frac{1}{4}$ $\frac{1}{4}$ $3\times\frac{1}{4}=\frac{3}{4}$

Day 11

자연수를 분수에 맞춰 나누어 그리고 합해서 값을 구해 봐.

가장 큰 네모 1개는 1을 의미해.

❶

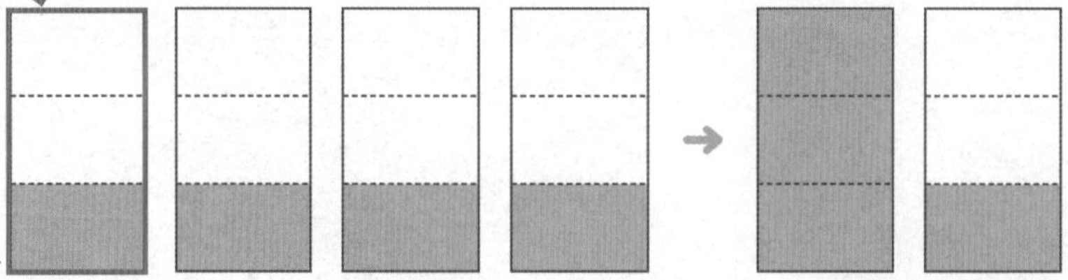

각각 3등분하여 $\frac{1}{3}$씩 4번 색칠했어.

색칠한 $\frac{1}{3}$ 조각 4개를 모두 모았어!

$4 \times \frac{1}{3} = \square$

1을 각각 2등분하여 $\frac{1}{2}$씩 3번 색칠했어.

❷

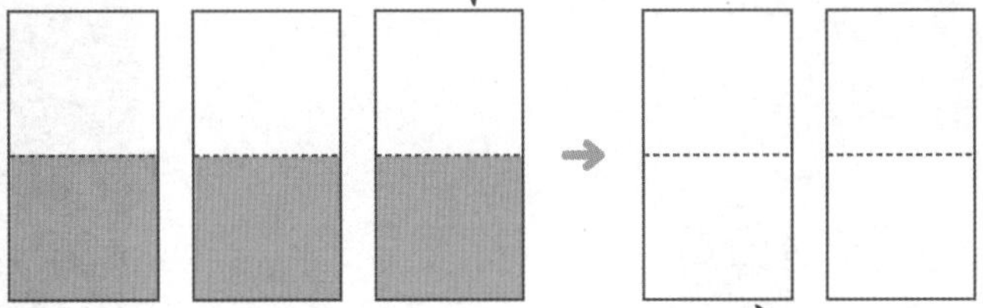

색칠한 조각을 모두 모아서 색칠해 봐!

$3 \times \frac{1}{2} = \square$

❸

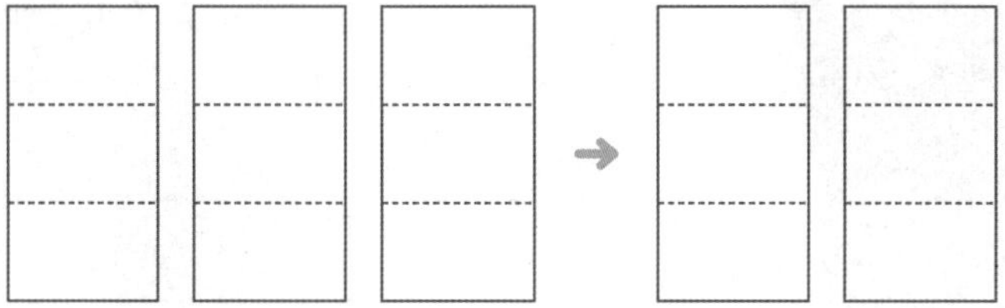

$3 \times \frac{2}{3} = \square$

❹

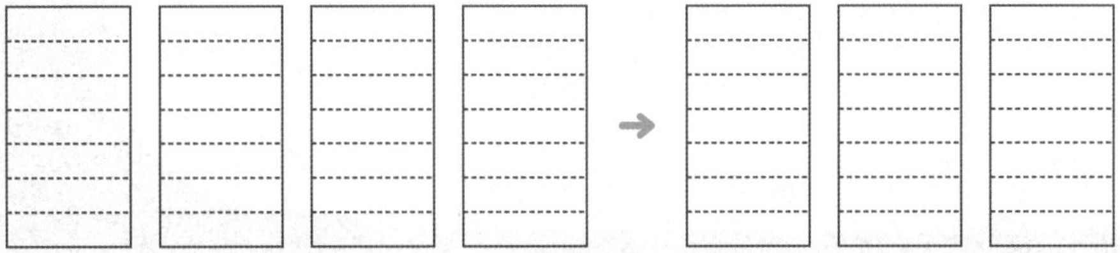

$4 \times \frac{4}{7} = \square$

❺

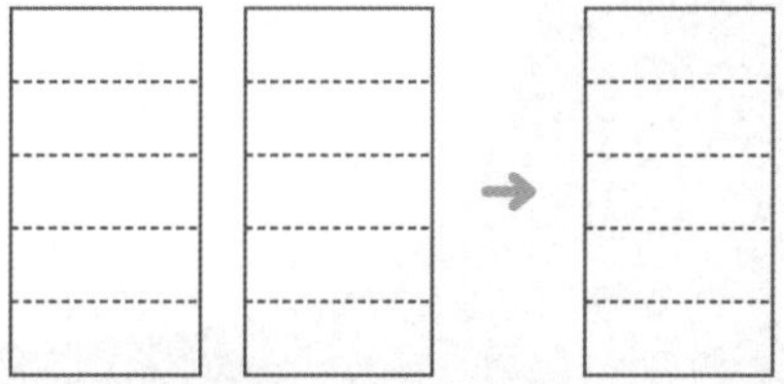

$2 \times \frac{2}{5} = \square$

❻

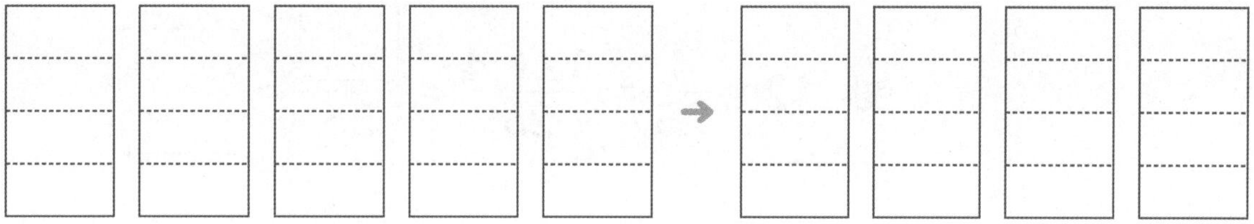

$5 \times \frac{3}{4} = \square$

❼

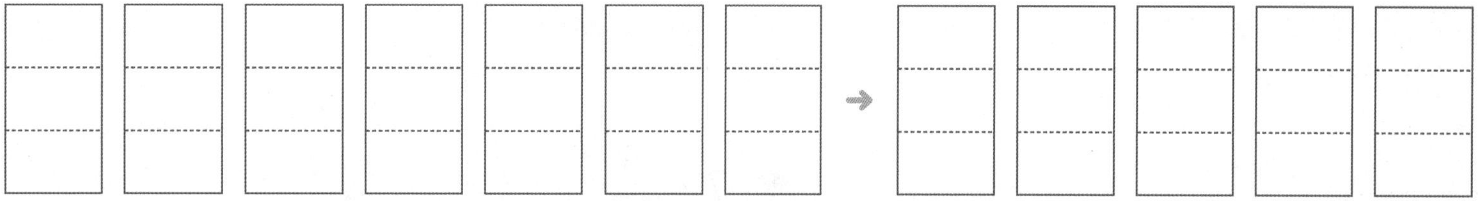

$7 \times \frac{2}{3} = \square$

❽

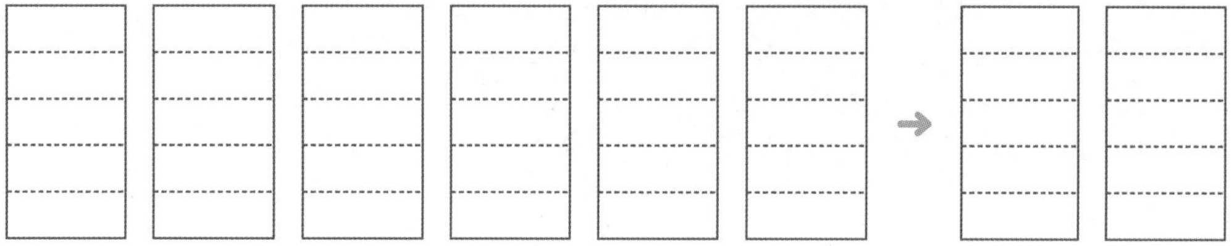

$6 \times \frac{1}{5} = \square$

공부 끝!

맞힌 개수 /8개

부모님 확인

오늘의 숫자 **74**에 색칠하세요.

Day 12

자연수와 분수의 분자를 곱하고 분모와 약분하면 돼.

❶ 자연수와 분수의 분자를 곱해.

$$\overset{1}{\cancel{2}} \times \frac{3}{\underset{2}{\cancel{4}}} = \frac{1 \times 3}{2} = \frac{3}{2} = 1\frac{1}{2}$$

❷ 가분수를 대분수로 나타내.

❶ $12 \times \frac{4}{25} = \frac{12 \times 4}{25} = \frac{\square}{25} = \square$

❷ $8 \times \frac{4}{5} = \frac{\square}{5} = \frac{\square}{5} = \square$

❸ $7 \times \frac{5}{12} = \frac{\square}{12} = \frac{\square}{12} = \square$

❹ $10 \times \frac{7}{13} = \frac{\square}{13} = \frac{\square}{13} = \square$

❺ $15 \times \frac{3}{8} = \frac{\square}{8} = \frac{\square}{8} = \square$

❻ $81 \times \frac{3}{64} = \frac{\square}{64} = \frac{\square}{64} = \square$

❼ $54 \times \frac{3}{49} = \frac{\square}{49} = \frac{\square}{49} = \square$

❽ $2 \times \frac{5}{13}$

❾ $12 \times \frac{7}{36}$

❿ $8 \times \frac{7}{12}$

⓫ $10 \times \frac{2}{7}$

⓬ $4 \times \frac{3}{10}$

⓭ $7 \times \frac{5}{6}$

⓮ $18 \times \frac{5}{21}$

⓯ $4 \times \frac{2}{3}$

⓰ $7 \times \frac{2}{9}$

⓱ $3 \times \frac{9}{22}$

⓲ $5 \times \frac{11}{63}$

⓳ $6 \times \frac{1}{3}$

⓴ $14 \times \frac{2}{5}$

㉑ $15 \times \frac{3}{10}$

㉒ $22 \times \frac{3}{4}$

㉓ $4 \times \frac{4}{15}$

㉔ $12 \times \frac{7}{15}$

㉕ $14 \times \frac{4}{7}$

㉖ $24 \times \frac{55}{56}$

공부 끝!

맞힌 개수

/26개

부모님 확인

오늘의 숫자 **33**에 색칠하세요.

월 일 /10 분

Day 13

대분수는 가분수로 고쳐서 자연수와 분수의 분자를 곱하면 돼.

❷ 자연수를 분수의 분자와 곱해.

$$6\times1\frac{1}{4}=\overset{3}{\cancel{6}}\times\frac{5}{\underset{2}{\cancel{4}}}=\frac{3\times5}{2}=\frac{15}{2}=7\frac{1}{2}$$

❶ 대분수를 가분수로 고쳐. ❸ 가분수를 대분수로 나타내.

❶ $3\times1\frac{4}{5}=3\times\frac{9}{5}=\frac{3\times9}{5}=\frac{27}{5}=\square$

❷ $8\times1\frac{1}{12}=$

약분할 수 있으면 약분한 다음 대분수로 바꿔 봐!

❸ $12\times2\frac{2}{3}=$

❹ $3\times1\frac{1}{2}=$

❺ $5\times2\frac{1}{7}=$

❻ $4\times2\frac{3}{8}=$

❼ $7\times3\frac{3}{14}=$

❽ $10 \times 1\frac{1}{12}$

❾ $15 \times 1\frac{1}{2}$

❿ $8 \times 2\frac{1}{4}$

⓫ $3 \times 1\frac{2}{7}$

⓬ $3 \times 2\frac{5}{6}$

⓭ $7 \times 4\frac{1}{6}$

⓮ $12 \times 2\frac{3}{10}$

⓯ $11 \times 5\frac{1}{10}$

⓰ $4 \times 1\frac{2}{5}$

⓱ $5 \times 1\frac{1}{12}$

⓲ $2 \times 7\frac{1}{7}$

⓳ $12 \times 2\frac{2}{5}$

⓴ $3 \times 4\frac{5}{6}$

㉑ $2 \times 1\frac{8}{13}$

㉒ $6 \times 3\frac{1}{2}$

㉓ $3 \times 2\frac{2}{5}$

㉔ $2 \times 3\frac{1}{3}$

㉕ $8 \times 1\frac{3}{4}$

㉖ $14 \times 1\frac{1}{49}$

공부 끝!

맞힌 개수 /26개

부모님 확인

오늘의 숫자 **86**에 색칠하세요.

Day 14

약분해 봐!

❶ $6 \times \frac{3}{10}$

❷ $13 \times \frac{2}{5}$

❸ $7 \times \frac{1}{12}$

자연수와 분모를 미리 약분하면 계산이 편리해.

❹ $21 \times \frac{5}{24}$

❺ $4 \times \frac{1}{8}$

❻ $9 \times \frac{1}{4}$

❼ $20 \times \frac{3}{34}$

❽ $18 \times \frac{5}{6}$

❾ $9 \times \frac{5}{12}$

❿ $5 \times \frac{2}{5}$

⓫ $15 \times \frac{2}{21}$

⓬ $15 \times \frac{4}{9}$

⓭ $6 \times \frac{3}{4}$

⓮ $4 \times \frac{5}{6}$

⓯ $3 \times \frac{7}{10}$

⓰ $12 \times \frac{3}{8}$

⓱ $8 \times \frac{5}{12}$

⓲ $12 \times \frac{5}{6}$

⓳ $2 \times \frac{2}{7}$

가분수로 고친 후 약분해.

⑳ $3 \times 1\frac{2}{3}$

㉑ $28 \times 1\frac{11}{14}$

㉒ $2 \times 4\frac{3}{4}$

㉓ $20 \times 1\frac{3}{5}$

㉔ $5 \times 2\frac{1}{4}$

㉕ $8 \times 2\frac{1}{12}$

㉖ $8 \times 1\frac{1}{7}$

㉗ $5 \times 2\frac{1}{10}$

㉘ $6 \times 3\frac{3}{8}$

㉙ $3 \times 1\frac{2}{7}$

㉚ $3 \times 2\frac{1}{13}$

㉛ $12 \times 1\frac{5}{16}$

㉜ $12 \times 1\frac{1}{6}$

㉝ $7 \times 1\frac{2}{5}$

㉞ $6 \times 8\frac{2}{3}$

㉟ $30 \times 4\frac{4}{45}$

㊱ $12 \times 1\frac{7}{8}$

㊲ $18 \times 1\frac{1}{14}$

㊳ $15 \times 1\frac{4}{45}$

공부 끝!

맞힌 개수 /38개

부모님 확인

오늘의 숫자 **42**에 색칠하세요.

Day 15

분모는 그대로 두고 자연수와 분자를 곱해야 해.

❶ $3 \times \frac{2}{3}$

❷ $4 \times \frac{17}{91}$

❸ $15 \times \frac{4}{9}$

❹ $5 \times \frac{1}{2}$

❺ $36 \times \frac{5}{12}$

❻ $3 \times \frac{16}{17}$

❼ $8 \times \frac{5}{6}$

❽ $10 \times \frac{13}{25}$

❾ $10 \times \frac{3}{8}$

❿ $7 \times \frac{13}{20}$

⓫ $36 \times \frac{3}{22}$

⓬ $8 \times \frac{1}{8}$

⓭ $40 \times \frac{2}{15}$

⓮ $16 \times \frac{7}{9}$

⓯ $81 \times \frac{2}{75}$

⓰ $5 \times \frac{8}{15}$

⓱ $10 \times \frac{3}{14}$

⓲ $27 \times \frac{15}{64}$

⓳ $12 \times \frac{5}{9}$

⑳ $12 \times 1\frac{1}{8}$

㉑ $3 \times 1\frac{1}{3}$

㉒ $4 \times 3\frac{1}{23}$

㉓ $21 \times 1\frac{3}{7}$

㉔ $4 \times 3\frac{1}{26}$

㉕ $26 \times 1\frac{2}{13}$

㉖ $5 \times 4\frac{2}{3}$

㉗ $17 \times 1\frac{4}{7}$

㉘ $34 \times 2\frac{1}{17}$

㉙ $6 \times 1\frac{7}{20}$

㉚ $2 \times 3\frac{7}{8}$

㉛ $12 \times 1\frac{5}{36}$

㉜ $45 \times 1\frac{5}{27}$

㉝ $4 \times 1\frac{1}{14}$

㉞ $11 \times 5\frac{1}{2}$

㉟ $60 \times 1\frac{1}{48}$

㊱ $5 \times 2\frac{4}{5}$

㊲ $3 \times 1\frac{3}{5}$

㊳ $2 \times 3\frac{17}{30}$

공부 끝!

맞힌 개수

/38개

부모님 확인

오늘의 숫자 **92**에 색칠하세요.

연산 놀이터

기본 케이크의 가격은 18000원이야.
고미가 살 케이크의 가격을 구해 보자!

부모님 확인

______ 원

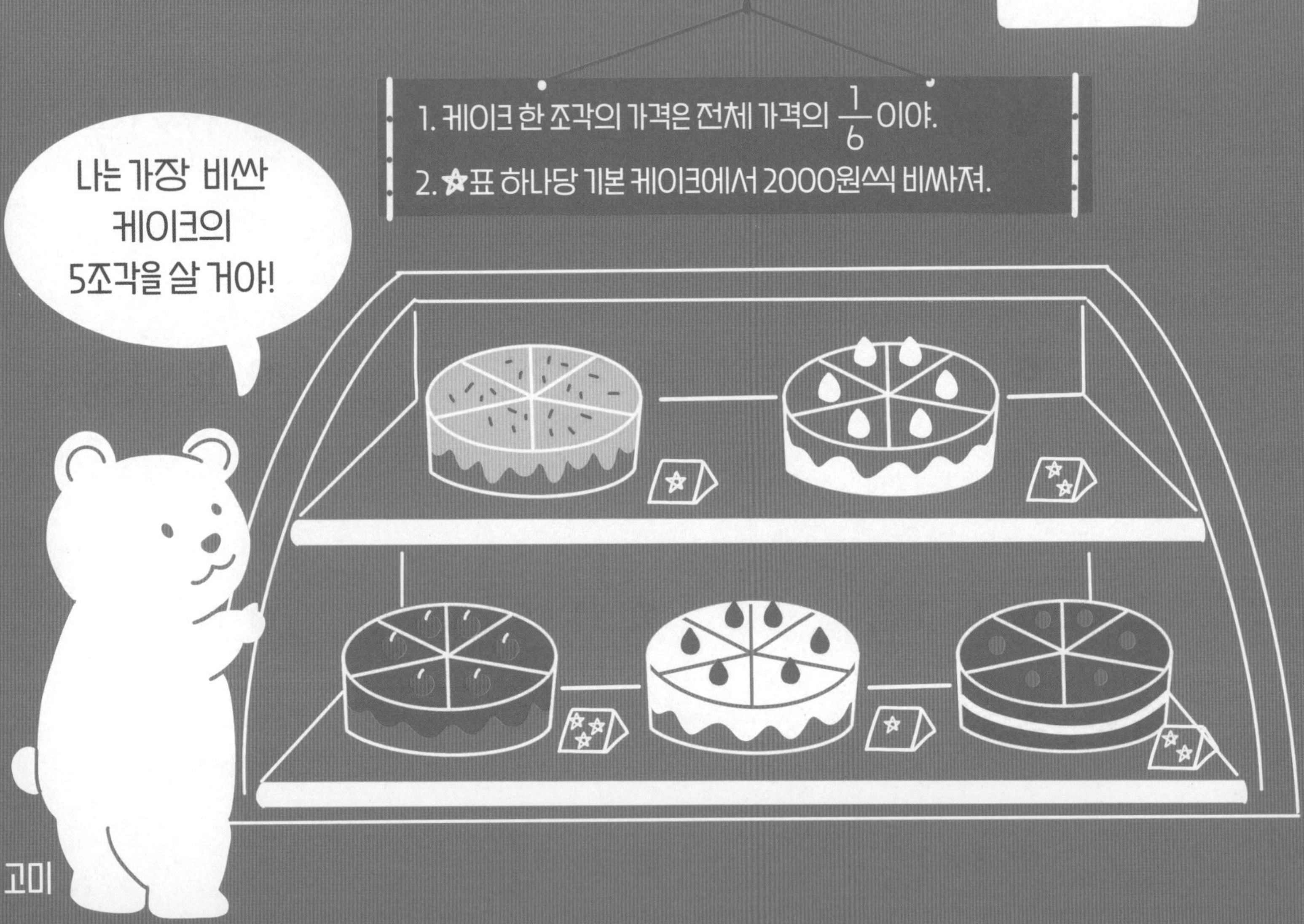

04

(진분수)×(진분수)

이번에는 무엇을 배울까?

(자연수)×(분수)

(진분수)×(진분수)

(대분수)×(대분수)

이렇게 지도해요!

스스로 계획을 세워요!

❶ 먼저 설명해 주세요.

(진분수)×(진분수)의 내용을 그림과 말로 풀어내었습니다. 분수끼리 곱할 때의 규칙에 대해 알아봅니다.

❷ 수를 이해하며 계산해요.

설명과 이어지는 그림을 이용하여 Day16에서 재미있게 문제를 풉니다.

❸ 충분히 연습해요.

Day17 ~ Day20의 문제 풀이를 통해 (진분수)×(진분수)의 곱셈을 충분히 풀어 보고, 분수끼리의 곱셈은 분자는 분자끼리, 분모는 분모끼리 곱함을 이해합니다.

	공부할 날짜	목표 시간	복습할 날짜
Day 16 44	월 / 일	분 / 10개	월 / 일
Day 17 44	월 / 일	분 / 28개	월 / 일
Day 18 44	월 / 일	분 / 24개	월 / 일
Day 19 44	월 / 일	분 / 38개	월 / 일
Day 20 44	월 / 일	분 / 37개	월 / 일

선생님의 칠판

$\frac{2}{3} \times \frac{2}{5}$를 어떻게 구할까?

진분수끼리의 곱셈은 분모는 분모끼리, 분자는 분자끼리 곱하면 돼!

$\frac{2}{3}$

$\frac{2}{3} \times \frac{2}{5} = \frac{4}{15}$

Day 16

전체를 똑같이 나눈 분수를 보고, 곱하는 분수만큼 색칠하여 값을 분수로 나타내 봐.

❶

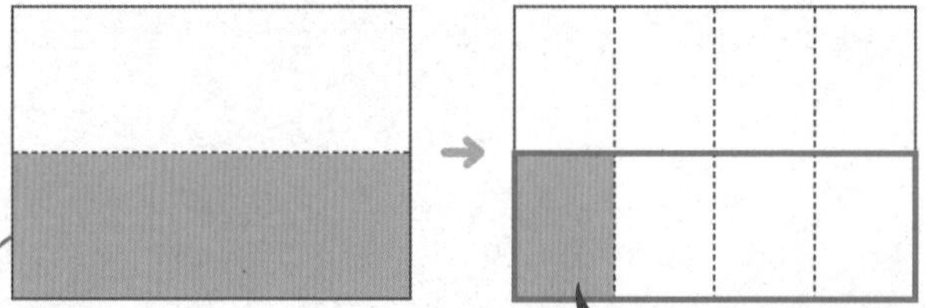

$\frac{1}{2} \times \frac{1}{4} = \frac{\square}{8}$

$\frac{1}{2}$을 4등분한 것 중의 1개만큼을 의미해.

전체 칸 수는 $2 \times 4 = 8$(칸)이야.

❷

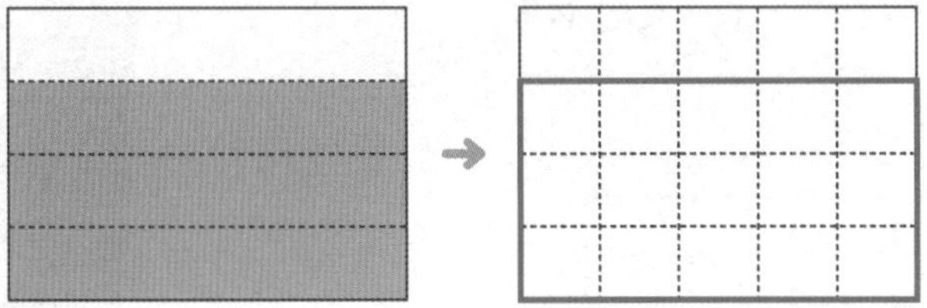

$\frac{3}{4} \times \frac{1}{5} = \square$

$\frac{3}{4}$을 5등분한 것 중의 1개만큼을 색칠해 봐!

❸

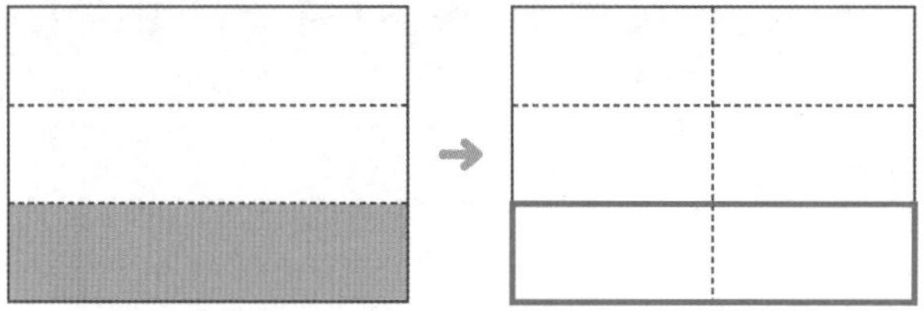

$\frac{1}{3} \times \frac{1}{2} = \square$

❹

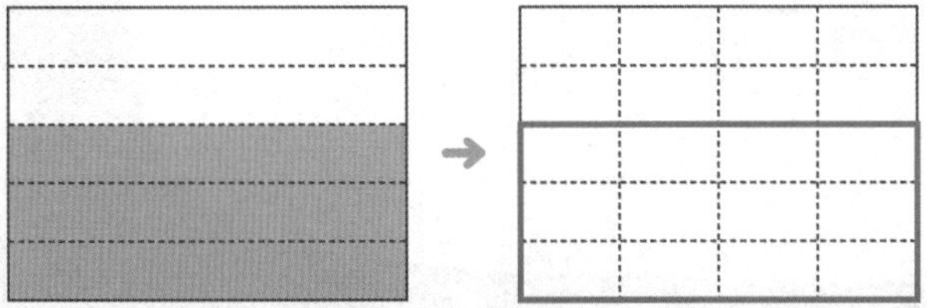

$\frac{3}{5} \times \frac{1}{4} = \square$

❺

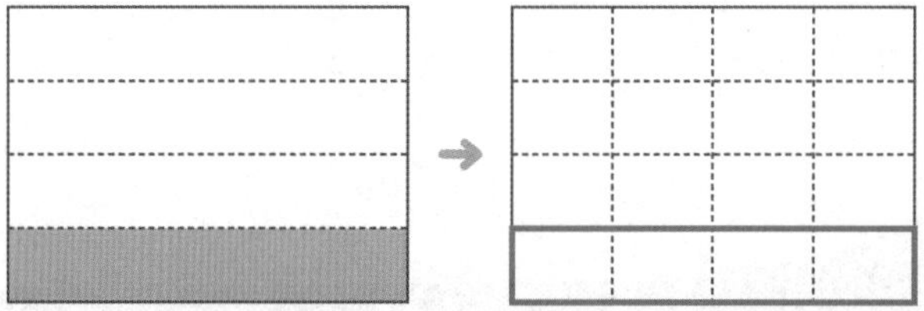

$\frac{1}{4} \times \frac{3}{4} = \square$

❻ 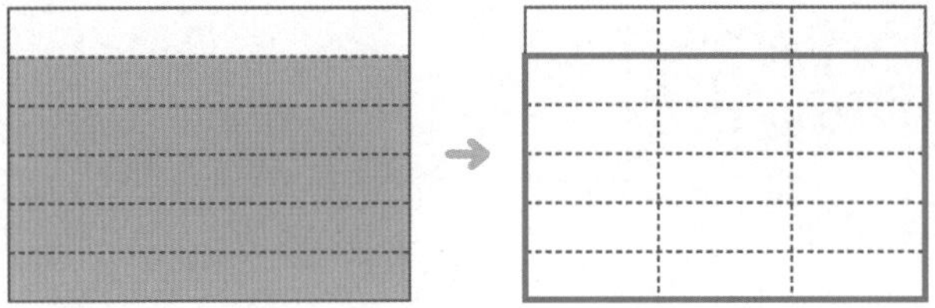

$\frac{5}{6} \times \frac{1}{3} = \square$

❼ 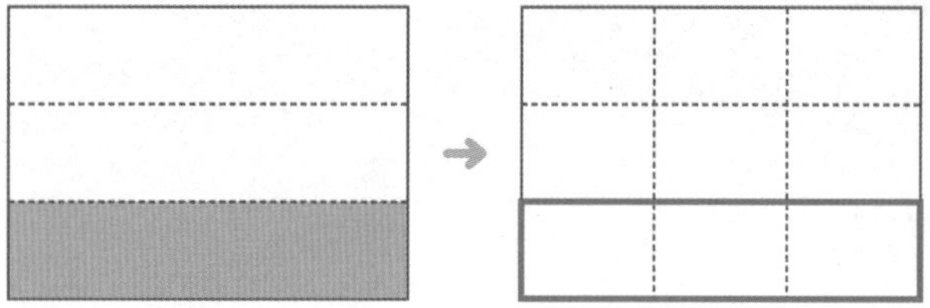

$\frac{1}{3} \times \frac{1}{3} = \square$

❽ 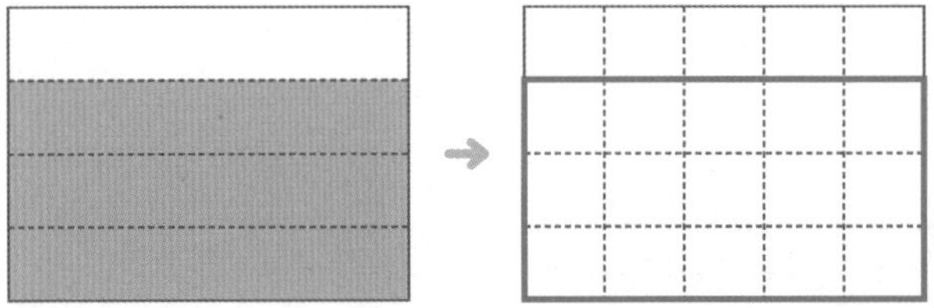

$\frac{3}{4} \times \frac{3}{5} = \square$

❾ 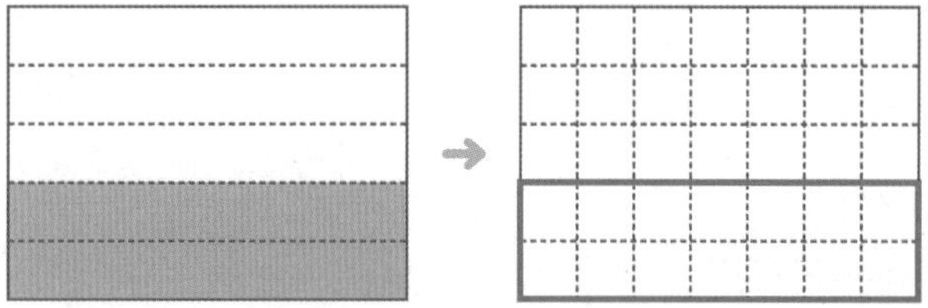

$\frac{2}{5} \times \frac{1}{7} = \square$

❿ 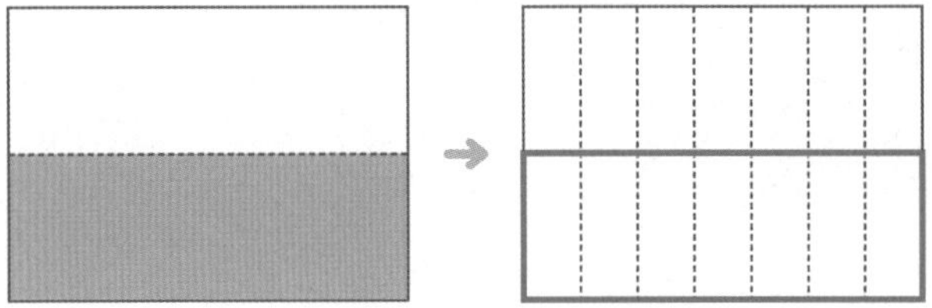

$\frac{1}{2} \times \frac{3}{7} = \square$

공부 끝!

맞힌 개수

/10개

부모님 확인

오늘의 숫자 **25**에 색칠하세요.

Day 17

분모는 분모끼리,
분자는 분자끼리 곱하면 돼.

❶ 분자끼리 곱해! $\frac{1}{3} \times \frac{2}{5} = \frac{1 \times 2}{3 \times 5} = \square$ 분모끼리 곱해!

❷ $\frac{3}{4} \times \frac{3}{5} = \frac{\square}{\square} = \square$

❸ $\frac{3}{4} \times \frac{5}{7} = \frac{\square}{\square} = \square$

❹ $\frac{2}{3} \times \frac{2}{3} = \frac{\square}{\square} = \square$

❺ $\frac{7}{11} \times \frac{3}{4} = \frac{\square}{\square} = \square$

❻ $\frac{5}{7} \times \frac{1}{6} = \frac{\square}{\square} = \square$

❼ $\frac{11}{12} \times \frac{5}{13} = \frac{\square}{\square} = \square$

❽ $\frac{13}{22} \times \frac{3}{5} = \frac{\square}{\square} = \square$

❾ $\frac{9}{11} \times \frac{13}{14} = \frac{\square}{\square} = \square$

⑩ $\frac{5}{8} \times \frac{1}{3}$

⑪ $\frac{5}{18} \times \frac{7}{9}$

⑫ $\frac{1}{6} \times \frac{7}{15}$

⑬ $\frac{3}{7} \times \frac{4}{13}$

⑭ $\frac{10}{17} \times \frac{2}{3}$

⑮ $\frac{3}{4} \times \frac{13}{16}$

⑯ $\frac{7}{11} \times \frac{9}{11}$

⑰ $\frac{4}{21} \times \frac{4}{11}$

⑱ $\frac{1}{3} \times \frac{1}{4}$

⑲ $\frac{7}{10} \times \frac{7}{15}$

⑳ $\frac{2}{13} \times \frac{5}{7}$

㉑ $\frac{3}{7} \times \frac{4}{5}$

㉒ $\frac{5}{6} \times \frac{7}{13}$

㉓ $\frac{3}{8} \times \frac{3}{8}$

㉔ $\frac{4}{5} \times \frac{2}{5}$

㉕ $\frac{7}{9} \times \frac{11}{12}$

㉖ $\frac{3}{10} \times \frac{7}{10}$

㉗ $\frac{10}{17} \times \frac{8}{13}$

㉘ $\frac{9}{16} \times \frac{3}{8}$

공부 끝!

맞힌 개수

/28개

부모님 확인

오늘의 숫자 **60**에 색칠하세요.

Day 18

약분을 해서 기약분수로 나타내 봐.

[방법1] $\frac{3}{\cancel{8}_{2}} \times \frac{\cancel{4}^{1}}{7} = \frac{3 \times 1}{2 \times 7} = \frac{3}{14}$

[방법2] $\frac{3}{8} \times \frac{4}{7} = \frac{3 \times \cancel{4}^{1}}{\cancel{8}_{2} \times 7} = \frac{3}{14}$

[방법3] $\frac{3}{8} \times \frac{4}{7} = \frac{\cancel{12}^{3}}{\cancel{56}_{14}} = \frac{3}{14}$

❶ $\frac{\cancel{3}^{1}}{4} \times \frac{1}{\cancel{6}_{2}} = \frac{1 \times 1}{4 \times 2} = \square$

❷ $\frac{5}{\cancel{12}_{\square}} \times \frac{\cancel{8}^{\square}}{9} = \frac{\square}{\square} = \square$

❸ $\frac{\cancel{4}^{\square}}{\cancel{7}_{\square}} \times \frac{\cancel{7}^{\square}}{\cancel{12}_{\square}} = \frac{\square}{\square} = \square$

❹ $\frac{\cancel{14}^{\square}}{\cancel{27}_{\square}} \times \frac{\cancel{15}^{\square}}{\cancel{16}_{\square}} = \frac{\square}{\square} = \square$

❺ $\frac{5}{\cancel{8}_{\square}} \times \frac{\cancel{10}^{\square}}{21} = \frac{\square}{\square} = \square$

❻ $\frac{3}{4} \times \frac{5}{6}$

❼ $\frac{3}{8} \times \frac{6}{7}$

❽ $\frac{3}{8} \times \frac{10}{11}$

❾ $\frac{3}{16} \times \frac{2}{5}$

❿ $\frac{7}{8} \times \frac{6}{7}$

⓫ $\frac{17}{20} \times \frac{30}{37}$

⓬ $\frac{13}{21} \times \frac{14}{15}$

⓭ $\frac{8}{9} \times \frac{5}{18}$

⓮ $\frac{7}{18} \times \frac{9}{14}$

⓯ $\frac{12}{13} \times \frac{9}{14}$

⓰ $\frac{9}{10} \times \frac{7}{18}$

⓱ $\frac{5}{6} \times \frac{4}{9}$

⓲ $\frac{3}{4} \times \frac{8}{15}$

⓳ $\frac{18}{25} \times \frac{15}{22}$

⓴ $\frac{9}{16} \times \frac{14}{15}$

㉑ $\frac{25}{51} \times \frac{17}{40}$

㉒ $\frac{30}{37} \times \frac{17}{40}$

㉓ $\frac{7}{12} \times \frac{40}{49}$

㉔ $\frac{35}{48} \times \frac{36}{49}$

공부 끝!

맞힌 개수 /24개

부모님 확인

오늘의 숫자 **93**에 색칠하세요.

월 일 /15 분

Day 19

약분을 먼저 하면
계산이 편리해!

❶ $\frac{1}{3} \times \frac{1}{4}$

❷ $\frac{2}{9} \times \frac{3}{4}$

❸ $\frac{5}{8} \times \frac{6}{11}$

❹ $\frac{2}{7} \times \frac{3}{5}$

❺ $\frac{4}{5} \times \frac{1}{2}$

❻ $\frac{9}{14} \times \frac{1}{3}$

❼ $\frac{9}{16} \times \frac{12}{25}$

❽ $\frac{7}{12} \times \frac{3}{14}$

❾ $\frac{8}{15} \times \frac{2}{9}$

❿ $\frac{11}{12} \times \frac{10}{11}$

⓫ $\frac{3}{8} \times \frac{2}{5}$

⓬ $\frac{13}{28} \times \frac{7}{26}$

⓭ $\frac{4}{7} \times \frac{3}{7}$

⓮ $\frac{55}{72} \times \frac{63}{80}$

⓯ $\frac{1}{5} \times \frac{2}{3}$

⓰ $\frac{8}{9} \times \frac{3}{18}$

⓱ $\frac{4}{9} \times \frac{4}{9}$

⓲ $\frac{2}{25} \times \frac{15}{47}$

⓳ $\frac{27}{64} \times \frac{8}{9}$

⑳ $\frac{5}{6} \times \frac{3}{7}$

㉑ $\frac{4}{9} \times \frac{15}{22}$

㉒ $\frac{8}{13} \times \frac{8}{9}$

㉓ $\frac{3}{26} \times \frac{4}{9}$

㉔ $\frac{3}{8} \times \frac{4}{9}$

㉕ $\frac{27}{49} \times \frac{35}{81}$

㉖ $\frac{7}{10} \times \frac{15}{22}$

㉗ $\frac{5}{8} \times \frac{12}{25}$

㉘ $\frac{8}{17} \times \frac{5}{12}$

㉙ $\frac{6}{7} \times \frac{14}{15}$

㉚ $\frac{5}{18} \times \frac{21}{25}$

㉛ $\frac{27}{56} \times \frac{28}{45}$

㉜ $\frac{6}{13} \times \frac{1}{2}$

㉝ $\frac{8}{15} \times \frac{25}{48}$

㉞ $\frac{2}{3} \times \frac{3}{4}$

㉟ $\frac{12}{121} \times \frac{33}{48}$

36 $\frac{4}{49} \times \frac{35}{48}$

37 $\frac{4}{13} \times \frac{13}{28}$

38 $\frac{63}{65} \times \frac{13}{45}$

공부 끝!

맞힌 개수

/38개

부모님 확인

오늘의 숫자 **70**에 색칠하세요.

Day 20

**분모는 분모끼리,
분자는 분자끼리
계산하고 약분하여
기약분수로 나타내!**

❶ $\frac{8}{9} \times \frac{2}{3}$

❷ $\frac{6}{7} \times \frac{17}{18}$

❸ $\frac{8}{13} \times \frac{12}{13}$

❹ $\frac{4}{5} \times \frac{3}{8}$

❺ $\frac{1}{10} \times \frac{1}{9}$

❻ $\frac{2}{3} \times \frac{27}{44}$

❼ $\frac{3}{14} \times \frac{7}{9}$

❽ $\frac{5}{18} \times \frac{15}{16}$

❾ $\frac{3}{4} \times \frac{8}{15}$

❿ $\frac{8}{25} \times \frac{15}{32}$

⓫ $\frac{9}{10} \times \frac{5}{6}$

⓬ $\frac{1}{4} \times \frac{2}{3}$

⓭ $\frac{10}{13} \times \frac{4}{5}$

⓮ $\frac{6}{7} \times \frac{7}{10}$

⓯ $\frac{10}{21} \times \frac{7}{20}$

⓰ $\frac{3}{5} \times \frac{7}{8}$

⓱ $\frac{28}{45} \times \frac{24}{35}$

⓲ $\frac{12}{17} \times \frac{1}{6}$

⑲ $\frac{1}{4} \times \frac{1}{2}$

⑳ $\frac{8}{25} \times \frac{15}{16}$

㉑ $\frac{5}{6} \times \frac{9}{16}$

㉒ $\frac{18}{29} \times \frac{58}{63}$

㉓ $\frac{5}{9} \times \frac{3}{4}$

㉔ $\frac{5}{28} \times \frac{4}{5}$

㉕ $\frac{7}{30} \times \frac{15}{28}$

㉖ $\frac{2}{9} \times \frac{5}{8}$

㉗ $\frac{8}{13} \times \frac{11}{12}$

㉘ $\frac{7}{18} \times \frac{13}{14}$

㉙ $\frac{3}{8} \times \frac{7}{10}$

㉚ $\frac{4}{7} \times \frac{3}{7}$

㉛ $\frac{5}{24} \times \frac{8}{15}$

㉜ $\frac{3}{8} \times \frac{4}{5}$

㉝ $\frac{1}{6} \times \frac{1}{5}$

㉞ $\frac{14}{15} \times \frac{9}{35}$

㉟ $\frac{8}{15} \times \frac{3}{4}$

㊱ $\frac{15}{49} \times \frac{14}{25}$

㊲ $\frac{4}{15} \times \frac{9}{10}$

공부 끝!

맞힌 개수

/37개

부모님 확인

오늘의 숫자 **12**에 색칠하세요.

연산 놀이터

부모님 확인

똑같이 생긴 물고기를 찾아 두 물고기의 꼬리에 달린 수를 곱해 봐!

두 수의 곱:

05

(대분수)×(대분수)

이번에는 무엇을 배울까?

(진분수)×(진분수)

(대분수)×(대분수)

세 분수의 곱셈

이렇게 지도해요!

❶ **먼저 설명해 주세요.**

(대분수)×(대분수)의 내용을 그림과 말로 풀어내었습니다. 대분수를 가분수로 나타내어 계산하는 방법에 대해 알아봅니다.

❷ **수를 이해하며 계산해요.**

설명과 이어지는 그림을 이용하여 Day21에서 재미있게 문제를 풉니다.

❸ **충분히 연습해요.**

Day22 ~ Day25의 문제 풀이를 통해 (대분수)×(대분수)의 곱셈을 충분히 풀어 보고, 대분수를 가분수로 나타낸 뒤에는 진분수끼리의 곱셈과 방법이 같음을 이해합니다.

스스로 계획을 세워요!

	공부할 날짜	목표 시간	복습할 날짜
Day 21 (44)	월 / 일	분 / 10개	월 / 일
Day 22 (44)	월 / 일	분 / 23개	월 / 일
Day 23 (44)	월 / 일	분 / 19개	월 / 일
Day 24 (44)	월 / 일	분 / 28개	월 / 일
Day 25 (44)	월 / 일	분 / 28개	월 / 일

선생님의 칠판

$2\frac{1}{2} \times 1\frac{2}{3}$를 어떻게 구할까?

대분수를 가분수로 바꾼 다음, 분모는 분모끼리 분자는 분자끼리 곱하면 돼.

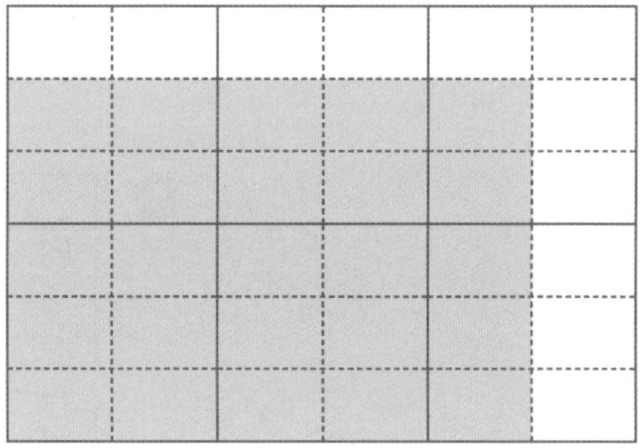

대분수를 가분수로 고쳐 봐!

$$\frac{5}{2} \times \frac{5}{3} = \frac{5 \times 5}{2 \times 3} = \frac{25}{6} = 4\frac{1}{6}$$

Day 21

**가로는 곱해지는 분수,
세로는 곱하는 분수만큼
색칠해서 직사각형의 넓이를
구하면 값을 알 수 있어.**

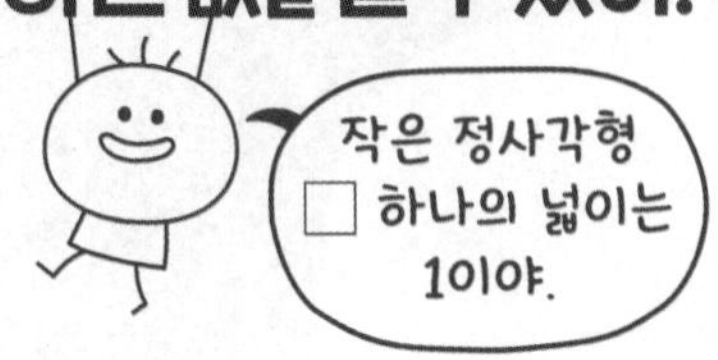

❶

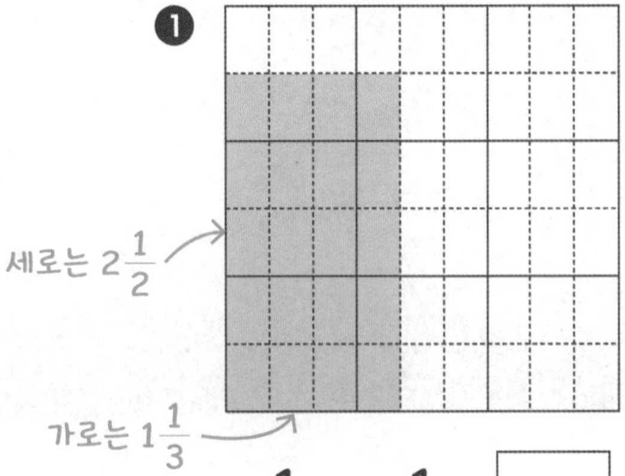

$1\frac{1}{3} \times 2\frac{1}{2} = \square$

❷

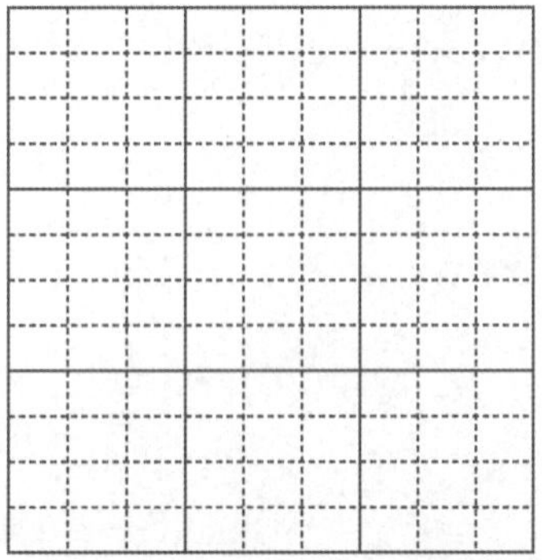

$2\frac{1}{3} \times 2\frac{3}{4} = \square$

❸

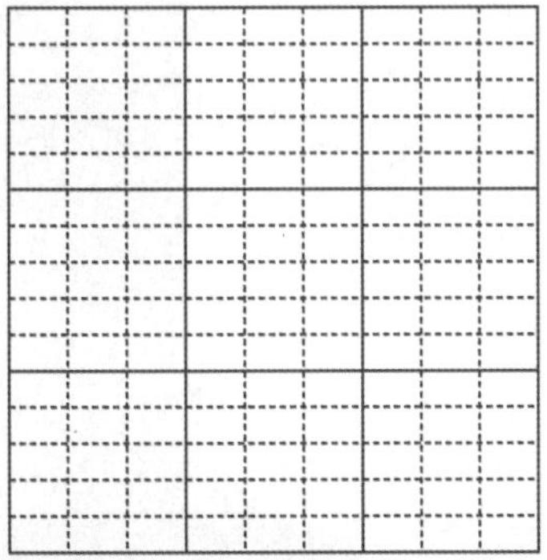

$2\frac{1}{3} \times 1\frac{1}{5} = \square$

❹

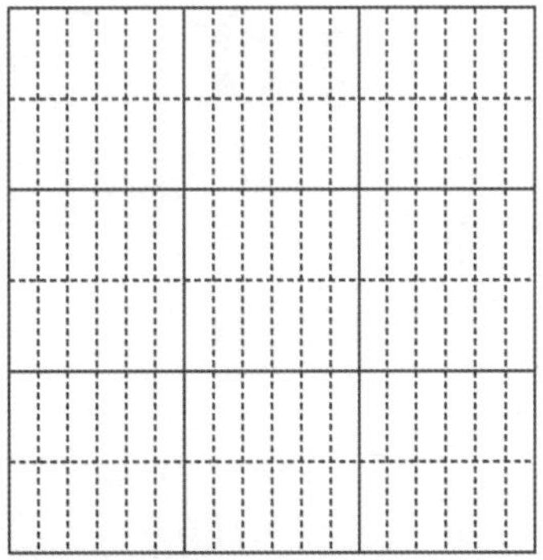

$1\frac{5}{6} \times 1\frac{1}{2} = \square$

❺

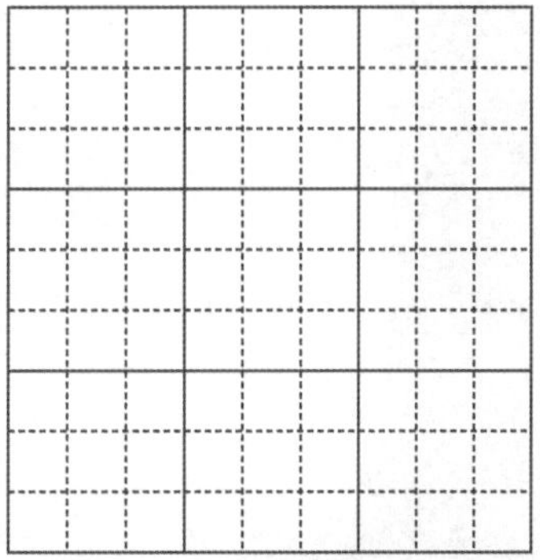

$2\frac{1}{3} \times 2\frac{2}{3} = \square$

6

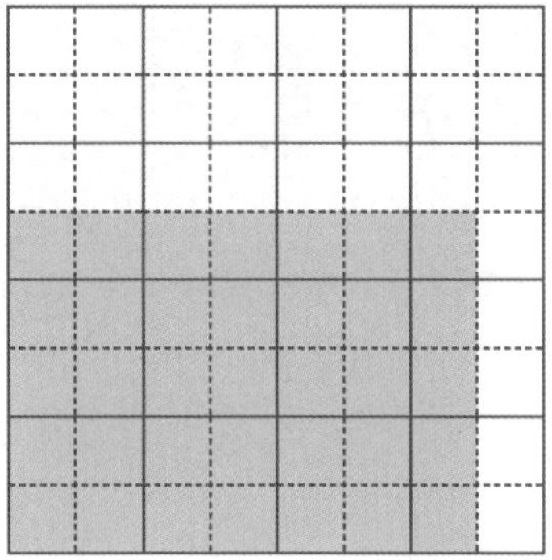

$3\frac{1}{2} \times 2\frac{1}{2} = \square$

7

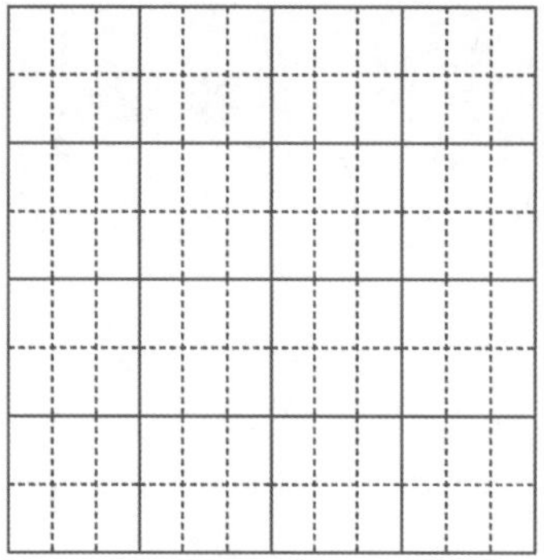

$1\frac{1}{3} \times 3\frac{1}{2} = \square$

8

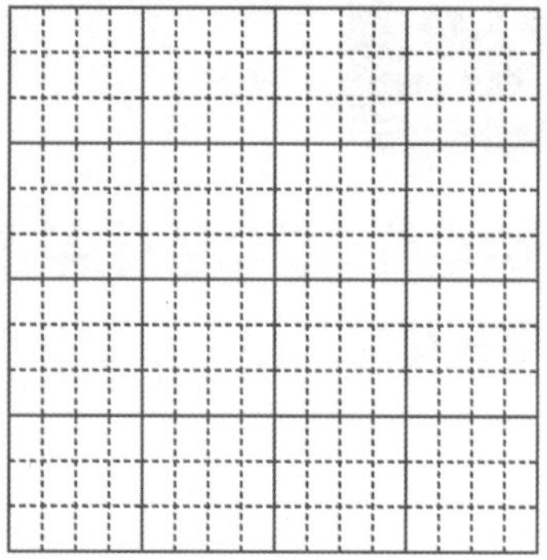

$3\frac{3}{4} \times 3\frac{1}{3} = \square$

9

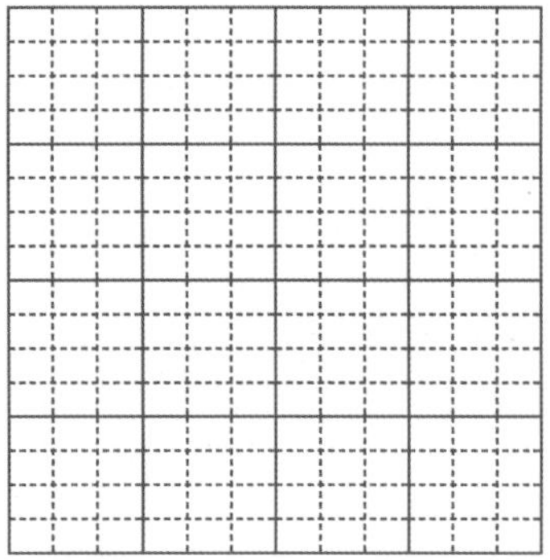

$2\frac{2}{3} \times 3\frac{3}{4} = \square$

10

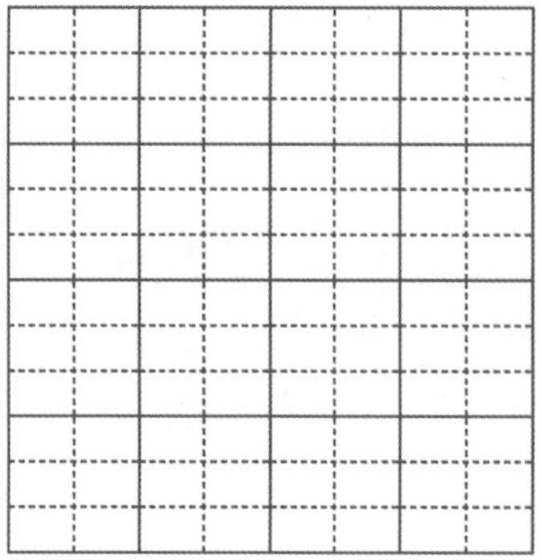

$1\frac{1}{2} \times 3\frac{1}{3} = \square$

공부 끝!

맞힌 개수

/10개

부모님 확인

오늘의 숫자 **76**에 색칠하세요.

Day 22

대분수를 가분수로 바꾸고 분모는 분모끼리, 분자는 분자끼리 곱해.

❶ $2\frac{1}{3} \times 1\frac{1}{6} = \frac{7}{3} \times \frac{7}{6} = \frac{7 \times 7}{3 \times 6} = \frac{49}{18} = \square$

① 대분수는 가분수로 바꿔.

② 분모는 분모끼리, 분자는 분자끼리 곱해.

가분수를 대분수로 바꿔!

❷ $1\frac{1}{2} \times 1\frac{1}{4} =$ __________

❸ $1\frac{1}{11} \times 1\frac{3}{7} =$ __________

❹ $1\frac{1}{4} \times 1\frac{1}{6} =$ __________

❺ $1\frac{3}{5} \times 1\frac{1}{3} =$ __________

❻ $2\frac{1}{4} \times 2\frac{1}{2} =$ __________

❼ $4\frac{1}{3} \times 1\frac{3}{10} =$ __________

❽ $3\frac{1}{2} \times 2\frac{3}{4} =$ __________

❾ $1\frac{5}{7} \times 3\frac{1}{5} =$ __________

⑩ $3\frac{1}{2} \times 2\frac{3}{11}$

⑪ $2\frac{3}{5} \times 1\frac{2}{7}$

⑫ $1\frac{1}{8} \times 3\frac{1}{2}$

⑬ $2\frac{3}{7} \times 1\frac{2}{3}$

⑭ $1\frac{2}{11} \times 2\frac{1}{4}$

⑮ $1\frac{3}{8} \times 1\frac{1}{12}$

⑯ $2\frac{3}{4} \times 3\frac{2}{3}$

⑰ $4\frac{3}{8} \times 1\frac{2}{3}$

⑱ $8\frac{1}{2} \times 1\frac{2}{11}$

⑲ $3\frac{5}{6} \times 2\frac{3}{4}$

⑳ $2\frac{2}{7} \times 1\frac{2}{9}$

㉑ $1\frac{1}{20} \times 2\frac{1}{4}$

㉒ $2\frac{4}{5} \times 4\frac{1}{3}$

㉓ $1\frac{5}{42} \times 2\frac{3}{10}$

공부 끝!

맞힌 개수

/23개

부모님 확인

오늘의 숫자 **21**에 색칠하세요.

Day 23

대분수는 가분수로 고치고 약분해서 곱해 보자.

[방법1]

$$1\frac{1}{5}\times1\frac{3}{4}=\frac{\overset{3}{\cancel{6}}}{5}\times\frac{7}{\underset{2}{\cancel{4}}}=\frac{3\times7}{5\times2}=\frac{21}{10}=2\frac{1}{10}$$

[방법2]

$$1\frac{1}{5}\times1\frac{3}{4}=\frac{6}{5}\times\frac{7}{4}=\frac{\overset{3}{\cancel{6}}\times7}{5\times\underset{2}{\cancel{4}}}=\frac{21}{10}=2\frac{1}{10}$$

[방법3]

$$1\frac{1}{5}\times1\frac{3}{4}=\frac{6}{5}\times\frac{7}{4}=\frac{6\times7}{5\times4}=\frac{\overset{21}{\cancel{42}}}{\underset{10}{\cancel{20}}}=2\frac{1}{10}$$

❶ $1\frac{1}{4}\times2\frac{3}{5}=\frac{\overset{1}{\cancel{5}}}{4}\times\frac{13}{\underset{1}{\cancel{5}}}=\frac{1\times13}{4\times1}=\frac{13}{4}=\square$

❷ $4\frac{2}{3}\times1\frac{2}{7}=$ ______

❸ $3\frac{1}{8}\times1\frac{2}{15}=$ ______

❹ $1\frac{1}{2}\times1\frac{4}{15}=$ ______

❺ $2\frac{2}{5}\times1\frac{1}{15}=$ ______

❻ $2\frac{2}{15} \times 1\frac{3}{8}$

❼ $2\frac{8}{9} \times 2\frac{1}{2}$

❽ $1\frac{1}{17} \times 3\frac{1}{2}$

❾ $3\frac{4}{7} \times 4\frac{1}{5}$

❿ $4\frac{9}{10} \times 1\frac{5}{7}$

⓫ $1\frac{3}{5} \times 1\frac{5}{12}$

⓬ $1\frac{1}{11} \times 2\frac{5}{14}$

⓭ $2\frac{4}{5} \times 5\frac{5}{6}$

⓮ $1\frac{1}{8} \times 3\frac{4}{5}$

⓯ $1\frac{1}{8} \times 1\frac{1}{6}$

⓰ $1\frac{1}{6} \times 2\frac{2}{7}$

⓱ $3\frac{1}{8} \times 4\frac{2}{5}$

⓲ $2\frac{1}{8} \times 1\frac{1}{3}$

⓳ $1\frac{11}{39} \times 3\frac{5}{7}$

공부 끝!

맞힌 개수

/19개

부모님 확인

오늘의 숫자 **85**에 색칠하세요.

Day 24

약분하기 전에 대분수를
가분수로 먼저 바꿔야 해.

❶ $1\frac{24}{25} \times 1\frac{3}{7}$

❷ $2\frac{2}{15} \times 1\frac{1}{9}$

❸ $1\frac{1}{11} \times 2\frac{5}{14}$

❹ $1\frac{13}{22} \times 1\frac{5}{28}$

❺ $1\frac{1}{3} \times 1\frac{1}{6}$

❻ $5\frac{1}{2} \times 1\frac{1}{5}$

❼ $1\frac{1}{9} \times 2\frac{2}{5}$

❽ $3\frac{3}{7} \times 1\frac{3}{16}$

❾ $3\frac{1}{5} \times 1\frac{3}{32}$

❿ $3\frac{1}{45} \times 1\frac{7}{18}$

⓫ $1\frac{1}{49} \times 1\frac{2}{75}$

⓬ $1\frac{1}{8} \times 3\frac{5}{6}$

⓭ $2\frac{1}{17} \times 1\frac{1}{25}$

⓮ $2\frac{1}{3} \times 5\frac{2}{5}$

⓯ $2\frac{1}{5} \times 1\frac{2}{3}$

⓰ $1\frac{2}{7} \times 3\frac{1}{3}$

⓱ $1\frac{4}{9} \times 1\frac{1}{2}$

⓲ $1\frac{1}{6} \times 2\frac{4}{7}$

⓳ $4\frac{3}{8} \times 1\frac{1}{5}$

⓴ $3\frac{1}{8} \times 2\frac{2}{7}$

㉑ $2\frac{1}{4} \times 1\frac{1}{3}$

㉒ $2\frac{2}{5} \times 1\frac{1}{4}$

㉓ $1\frac{5}{12} \times 1\frac{1}{34}$

㉔ $2\frac{2}{19} \times 1\frac{3}{10}$

㉕ $1\frac{5}{64} \times 1\frac{1}{23}$

㉖ $2\frac{4}{13} \times 1\frac{3}{10}$

㉗ $1\frac{7}{10} \times 1\frac{2}{3}$

㉘ $4\frac{1}{5} \times 2\frac{2}{3}$

공부 끝!

맞힌 개수 /28개

부모님 확인

오늘의 숫자 **56**에 색칠하세요.

Day 25

계산 결과가 가분수이면 대분수로 바꿔서 나타내.

❶ $1\frac{1}{4} \times 1\frac{2}{3}$

❷ $2\frac{1}{4} \times 1\frac{1}{4}$

❸ $2\frac{1}{2} \times 1\frac{1}{3}$

❹ $1\frac{5}{12} \times 2\frac{2}{17}$

❺ $3\frac{1}{3} \times 1\frac{4}{5}$

❻ $3\frac{1}{5} \times 1\frac{1}{4}$

❼ $4\frac{4}{9} \times 1\frac{1}{10}$

❽ $1\frac{5}{22} \times 1\frac{1}{33}$

❾ $1\frac{7}{8} \times 1\frac{1}{15}$

❿ $2\frac{1}{6} \times 1\frac{2}{13}$

⓫ $1\frac{1}{29} \times 1\frac{2}{5}$

⓬ $3\frac{1}{3} \times 1\frac{7}{20}$

⓭ $1\frac{1}{13} \times 1\frac{1}{21}$

⓮ $4\frac{3}{8} \times 1\frac{7}{30}$

⑮ $3\frac{1}{2} \times 2\frac{1}{10}$

⑯ $2\frac{7}{10} \times 1\frac{1}{15}$

⑰ $3\frac{1}{4} \times 1\frac{5}{26}$

⑱ $1\frac{4}{11} \times 1\frac{8}{25}$

⑲ $1\frac{7}{15} \times 1\frac{2}{33}$

⑳ $2\frac{2}{7} \times 3\frac{1}{6}$

㉑ $2\frac{1}{27} \times 1\frac{17}{22}$

㉒ $1\frac{1}{2} \times 1\frac{1}{24}$

㉓ $2\frac{1}{6} \times 1\frac{5}{39}$

㉔ $1\frac{5}{9} \times 1\frac{2}{3}$

㉕ $1\frac{4}{21} \times 2\frac{4}{5}$

㉖ $3\frac{1}{7} \times 1\frac{2}{33}$

㉗ $1\frac{1}{2} \times 1\frac{1}{7}$

㉘ $3\frac{3}{7} \times 1\frac{3}{8}$

공부 끝!

맞힌 개수

/28개

부모님 확인

오늘의 숫자 **94**에 색칠하세요.

연산 놀이터

토미가 당근을 심을 밭의 크기를 색칠하고 구해 봐!

부모님 확인

당근 밭의 크기 : ☐

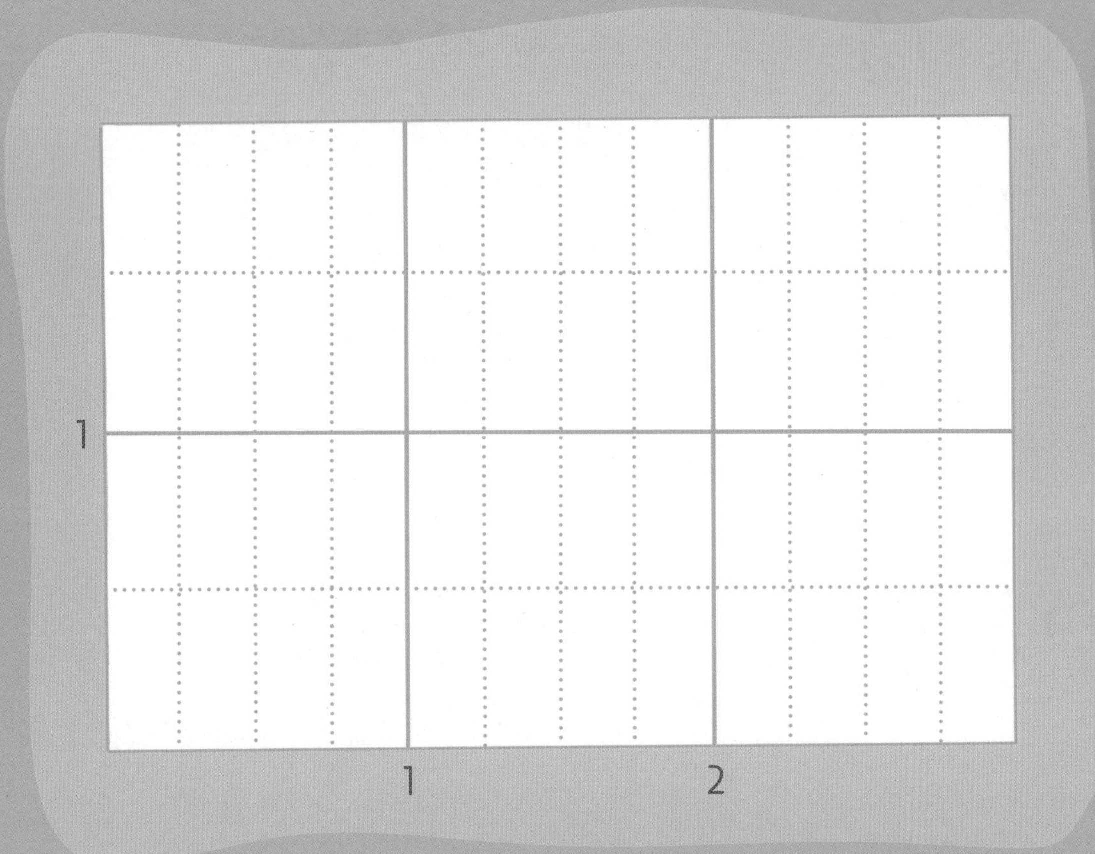

06

세 분수의 곱셈

이번에는 무엇을 배울까?

(대분수)×(대분수) | 세 분수의 곱셈 | 소수와 자연수의 곱셈

이렇게 지도해요!

❶ 먼저 설명해 주세요.

세 분수의 곱셈 내용을 그림과 말로 풀어내었습니다. '분모는 분모끼리, 분자는 분자끼리 서로 곱한다'는 핵심 내용을 이해하고, 세 분수의 곱셈 계산 방법을 익힙니다.

❷ 수를 이해하며 계산해요.

Day26에서 분수끼리의 곱셈에 대해 이해하고, Day27에서 분수의 곱셈에 약분을 적용해 봅니다.

❸ 충분히 연습해요.

Day28과 Day29의 문제 풀이를 통해 세 분수의 곱셈을 충분히 풀어 보고 익힙니다.

스스로 계획을 세워요!

	공부할 날짜	목표 시간	복습할 날짜
Day 26 (44)	월 / 일	분 / 18개	월 / 일
Day 27 (44)	월 / 일	분 / 24개	월 / 일
Day 28 (44)	월 / 일	분 / 27개	월 / 일
Day 29 (44)	월 / 일	분 / 27개	월 / 일

선생님의 칠판

$\frac{3}{4} \times \frac{1}{2} \times \frac{1}{3}$을 하는 방법을 알아보자!

세 분수의 곱셈도 분모는 분모끼리, 분자는 분자끼리 곱하면 돼.

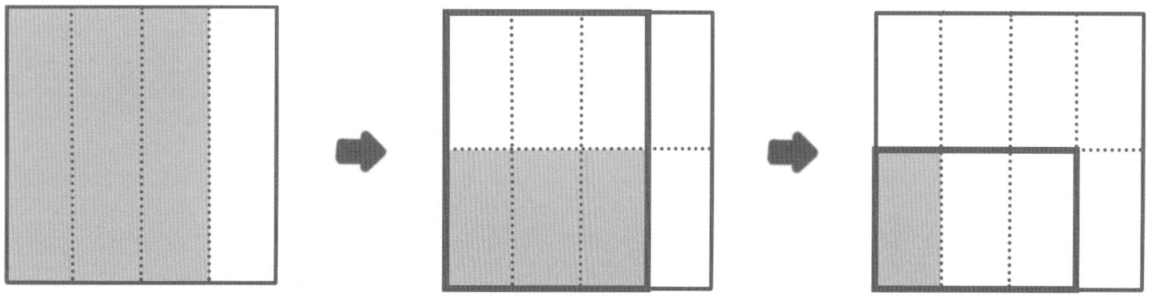

$\frac{3}{4}$ $\qquad$ $\frac{3}{4} \times \frac{1}{2}$ $\qquad$ $\frac{3}{4} \times \frac{1}{2} \times \frac{1}{3}$

$$\frac{3}{4} \times \frac{1}{2} \times \frac{1}{3} = \frac{3 \times 1 \times 1}{4 \times 2 \times 3} = \frac{1}{8}$$

Day 26

분모는 분모끼리 곱하고, 분자는 분자끼리 곱해.

단위분수일 때는 분자는 그대로 두고, 분모끼리 곱하면 돼.

❶ $\frac{1}{4} \times \frac{1}{2} \times \frac{1}{3} = \frac{1}{4 \times 2 \times 3} =$

❷ $\frac{1}{3} \times \frac{1}{2} \times \frac{1}{5}$

❸ $\frac{1}{2} \times \frac{1}{5} \times \frac{1}{7}$

❹ $\frac{1}{6} \times \frac{1}{3} \times \frac{1}{4}$

❺ $\frac{1}{5} \times \frac{1}{6} \times \frac{1}{9}$

❻ $\frac{1}{4} \times \frac{1}{3} \times \frac{1}{12}$

❼ $\frac{1}{8} \times \frac{1}{10} \times \frac{1}{2}$

❽ $\frac{1}{2} \times \frac{1}{12} \times \frac{1}{12}$

❾ $\frac{1}{2} \times \frac{1}{2} \times \frac{1}{15}$

분모끼리 모두 곱하고, 분자끼리 모두 곱하면 돼!

⑩ $\frac{1}{3} \times \frac{2}{7} \times \frac{1}{5} = \frac{1 \times 2 \times 1}{3 \times 7 \times 5} =$

⑪ $\frac{3}{4} \times \frac{3}{5} \times \frac{3}{7}$

⑫ $\frac{2}{9} \times \frac{4}{5} \times \frac{8}{11}$

⑬ $\frac{3}{7} \times \frac{6}{7} \times \frac{4}{13}$

⑭ $\frac{2}{3} \times \frac{5}{9} \times \frac{10}{11}$

⑮ $\frac{5}{8} \times \frac{3}{8} \times \frac{1}{8}$

⑯ $\frac{3}{7} \times \frac{3}{5} \times \frac{9}{14}$

⑰ $\frac{1}{3} \times \frac{2}{15} \times \frac{8}{15}$

⑱ $\frac{3}{10} \times \frac{3}{10} \times \frac{3}{10}$

공부 끝!

맞힌 개수 /18개

부모님 확인

오늘의 숫자 **22**에 색칠하세요.

Day 27

분수의 분자와 분모를 서로 약분하면 계산이 더 간단해져.

❶ $\frac{1}{4} \times \frac{2}{5} \times \frac{1}{3}$

❷ $\frac{2}{5} \times \frac{6}{7} \times \frac{7}{8}$

❸ $\frac{5}{6} \times \frac{2}{15} \times \frac{7}{8}$

❹ $\frac{2}{5} \times \frac{5}{8} \times \frac{9}{10}$

❺ $\frac{7}{9} \times \frac{2}{7} \times \frac{3}{8}$

❻ $\frac{2}{3} \times \frac{2}{5} \times \frac{1}{6}$

❼ $\frac{4}{5} \times \frac{1}{2} \times \frac{5}{12}$

❽ $\frac{13}{25} \times \frac{8}{9} \times \frac{10}{13}$

❾ $\frac{3}{8} \times \frac{4}{5} \times \frac{7}{15}$

❿ $\frac{7}{8} \times \frac{4}{5} \times \frac{10}{21}$

⓫ $\frac{5}{8} \times \frac{1}{15} \times \frac{4}{7}$

⓬ $\frac{4}{7} \times \frac{9}{10} \times \frac{14}{17}$

⓭ $\frac{1}{2} \times \frac{4}{15} \times \frac{5}{8}$

$$1\frac{1}{2} \times \frac{1}{5} \times 2\frac{1}{6}$$

$$= \frac{\overset{1}{\cancel{3}}}{2} \times \frac{1}{5} \times \frac{13}{\underset{2}{\cancel{6}}} = \frac{13}{20}$$

먼저 대분수를 가분수로 고치고 계산 과정에서 약분할 수 있으면 약분해.

⑭ $\frac{1}{2} \times \frac{11}{15} \times 2\frac{1}{2}$

⑮ $1\frac{1}{8} \times 1\frac{1}{6} \times \frac{4}{7}$

⑯ $1\frac{1}{4} \times \frac{2}{5} \times 1\frac{1}{8}$

⑰ $1\frac{4}{5} \times \frac{8}{9} \times 2\frac{1}{6}$

계산 결과가 가분수이면 대분수로 나타내.

⑱ $\frac{5}{6} \times 4\frac{4}{5} \times \frac{7}{9}$

⑲ $\frac{2}{5} \times \frac{5}{7} \times 1\frac{3}{8}$

⑳ $2\frac{1}{2} \times \frac{7}{10} \times \frac{3}{8}$

㉑ $2\frac{2}{9} \times \frac{3}{22} \times 2\frac{3}{4}$

㉒ $\frac{1}{6} \times 2\frac{1}{4} \times \frac{3}{8}$

㉓ $3\frac{1}{3} \times \frac{8}{15} \times 3\frac{1}{6}$

㉔ $1\frac{2}{13} \times 1\frac{1}{3} \times 2\frac{3}{5}$

공부 끝!

맞힌 개수

/24개

부모님 확인

오늘의 숫자 **65**에 색칠하세요.

Day 28

약분하기 전에 대분수는
꼭 가분수로 고쳐야 해.

❶ $\frac{7}{9} \times \frac{3}{5} \times \frac{5}{7}$

❷ $\frac{1}{2} \times \frac{1}{5} \times \frac{1}{4}$

❸ $\frac{1}{4} \times \frac{1}{3} \times \frac{1}{7}$

❹ $\frac{3}{5} \times \frac{5}{12} \times \frac{14}{15}$

❺ $\frac{7}{9} \times \frac{3}{7} \times \frac{1}{2}$

❻ $\frac{2}{3} \times \frac{3}{7} \times \frac{2}{5}$

❼ $\frac{1}{11} \times \frac{2}{3} \times \frac{8}{9}$

❽ $\frac{7}{9} \times 2\frac{1}{7} \times \frac{1}{2}$

❾ $\frac{1}{8} \times \frac{4}{7} \times \frac{2}{3}$

❿ $\frac{5}{24} \times \frac{1}{3} \times \frac{8}{15}$

⓫ $\frac{3}{4} \times \frac{10}{13} \times 1\frac{5}{7}$

⓬ $\frac{1}{3} \times \frac{2}{5} \times \frac{6}{7}$

⓭ $\frac{3}{5} \times \frac{2}{3} \times \frac{8}{13}$

⓮ $2\frac{1}{3} \times \frac{4}{7} \times \frac{3}{8}$

⑮ $2\frac{2}{3} \times 1\frac{2}{9} \times \frac{3}{8}$

⑯ $2\frac{1}{3} \times 3\frac{1}{4} \times \frac{2}{7}$

⑰ $\frac{6}{7} \times 3\frac{1}{2} \times 1\frac{1}{8}$

⑱ $1\frac{1}{8} \times 2\frac{2}{9} \times 1\frac{7}{10}$

⑲ $1\frac{3}{7} \times \frac{2}{5} \times 2\frac{3}{4}$

⑳ $3\frac{3}{4} \times \frac{7}{10} \times 1\frac{1}{2}$

㉑ $\frac{4}{7} \times 1\frac{1}{4} \times 2\frac{5}{8}$

㉒ $1\frac{1}{11} \times 2\frac{1}{7} \times 2\frac{1}{5}$

㉓ $1\frac{3}{5} \times \frac{3}{5} \times 1\frac{7}{8}$

㉔ $3\frac{1}{2} \times 1\frac{1}{14} \times \frac{5}{6}$

㉕ $1\frac{1}{8} \times \frac{7}{12} \times 2\frac{1}{7}$

㉖ $8\frac{3}{4} \times 2\frac{1}{7} \times 2\frac{1}{10}$

㉗ $2\frac{2}{3} \times \frac{7}{16} \times 1\frac{3}{7}$

공부 끝!

맞힌 개수 /27개

부모님 확인

오늘의 숫자 **55**에 색칠하세요.

Day 29

한개번에 약분해서
계산하면 편리해.

❶ $\frac{1}{9} \times \frac{9}{17} \times \frac{3}{7}$

❷ $\frac{3}{4} \times 1\frac{1}{2} \times \frac{4}{9}$

❸ $\frac{1}{2} \times \frac{1}{5} \times \frac{1}{6}$

❹ $2\frac{3}{8} \times \frac{1}{2} \times \frac{4}{5}$

❺ $\frac{1}{4} \times \frac{3}{7} \times \frac{4}{9}$

❻ $\frac{7}{10} \times \frac{15}{16} \times \frac{5}{12}$

❼ $\frac{4}{7} \times \frac{1}{3} \times \frac{8}{9}$

❽ $\frac{5}{6} \times \frac{13}{20} \times 1\frac{2}{5}$

❾ $\frac{2}{7} \times \frac{1}{4} \times \frac{3}{8}$

❿ $\frac{5}{9} \times \frac{1}{2} \times \frac{12}{13}$

⓫ $1\frac{1}{3} \times \frac{2}{5} \times \frac{3}{4}$

⓬ $\frac{9}{16} \times \frac{8}{11} \times \frac{4}{9}$

⓭ $\frac{2}{3} \times \frac{4}{9} \times \frac{1}{2}$

⓮ $\frac{3}{8} \times 2\frac{1}{4} \times \frac{5}{9}$

⑮ $\frac{2}{5} \times 1\frac{2}{3} \times 2\frac{1}{10}$

⑯ $3\frac{3}{4} \times 1\frac{3}{5} \times \frac{1}{8}$

⑰ $9\frac{1}{3} \times 1\frac{3}{7} \times \frac{1}{5}$

⑱ $1\frac{7}{8} \times 1\frac{2}{7} \times 1\frac{3}{25}$

⑲ $\frac{1}{2} \times 2\frac{4}{5} \times 2\frac{1}{10}$

⑳ $\frac{1}{8} \times 5\frac{1}{3} \times 1\frac{1}{2}$

㉑ $\frac{3}{7} \times 1\frac{1}{4} \times 1\frac{5}{9}$

㉒ $1\frac{11}{14} \times 3\frac{3}{5} \times 1\frac{5}{9}$

㉓ $2\frac{1}{7} \times 1\frac{1}{3} \times 1\frac{1}{2}$

㉔ $4\frac{1}{4} \times 1\frac{1}{3} \times \frac{6}{7}$

㉕ $7\frac{1}{2} \times \frac{3}{10} \times 1\frac{7}{9}$

㉖ $1\frac{1}{2} \times 1\frac{1}{8} \times 1\frac{5}{27}$

㉗ $4\frac{1}{2} \times \frac{5}{12} \times 1\frac{1}{10}$

공부 끝!

맞힌 개수

/27개

부모님 확인

오늘의 숫자 **99**에 색칠하세요.

연산 놀이터

토미와 친구들이 운동 후 물을 마시고 있어.
토미가 마신 물의 양은 얼마일까?

□ L

부모님 확인

07

소수와 자연수의 곱셈

이번에는 무엇을 배울까?

세 분수의 곱셈 | **소수와 자연수의 곱셈** | (소수)×(소수)

이렇게 지도해요!

❶ 먼저 설명해 주세요.

(소수)×(자연수)와 (자연수)×(소수)의 내용을 그림과 말로 풀어내었습니다. 자연수의 곱셈으로 계산하고, 소수의 소수점과 같은 위치에 곱의 소수점을 찍는 방법에 대해 알아봅니다.

❷ 수를 이해하며 계산해요.

설명과 이어지는 그림을 이용하여 Day30에서 재미있게 문제를 풉니다.

❸ 충분히 연습해요.

Day31 ~ Day34의 문제 풀이를 통해 소수와 자연수의 곱셈을 충분히 풀어 보고, 곱의 소수점 위치에 대해 이해합니다.

스스로 계획을 세워요!

	공부할 날짜	목표 시간	복습할 날짜
Day 30/44	월 / 일	분 / 16개	월 / 일
Day 31/44	월 / 일	분 / 24개	월 / 일
Day 32/44	월 / 일	분 / 24개	월 / 일
Day 33/44	월 / 일	분 / 31개	월 / 일
Day 34/44	월 / 일	분 / 31개	월 / 일

선생님의 칠판

소수 × 자연수, 자연수 × 소수를 계산하는 방법을 알아보자!

〈소수 × 자연수〉

0.4 × 4를 계산해 볼까?

수직선으로 알아보자!

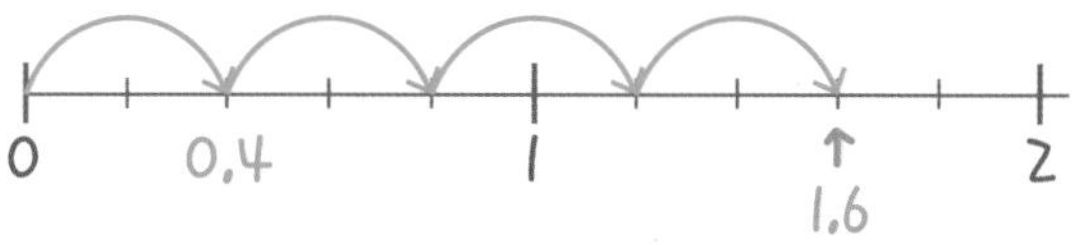

0.4씩 4번 나타내면 1.6이야.

자연수의 곱셈을 이용해 보자!

$4 \times 4 = 16$

↓ $\frac{1}{10}$배 ↓ $\frac{1}{10}$배

$0.4 \times 4 = 1.6$

〈자연수 × 소수〉

2 × 0.6을 계산해 볼까?

수직선으로 알아보자!

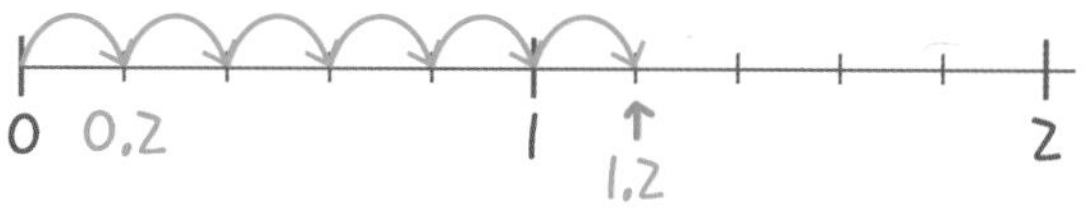

2의 0.6만큼은 1.2야.

자연수의 곱셈을 이용해 보자!

$2 \times 6 = 12$

↓ $\frac{1}{10}$배 ↓ $\frac{1}{10}$배

$2 \times 0.6 = 1.2$

Day 30

소수를 곱하는 수만큼 세어서 수직선 위에 표시하고, 값을 구해 봐!

❶
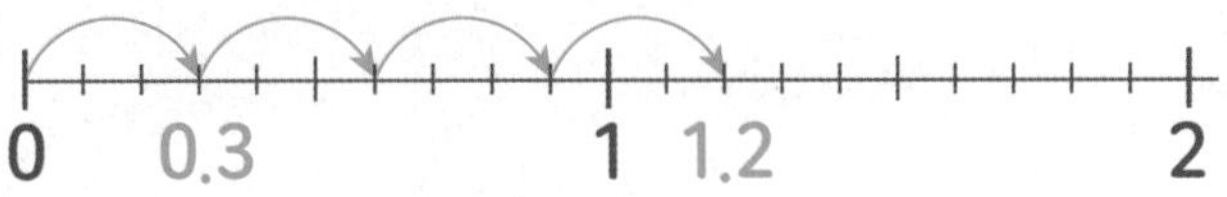

→ 0.3 × 4 = ☐ ← 0.3씩 4번 뛰어 세었어!

❷
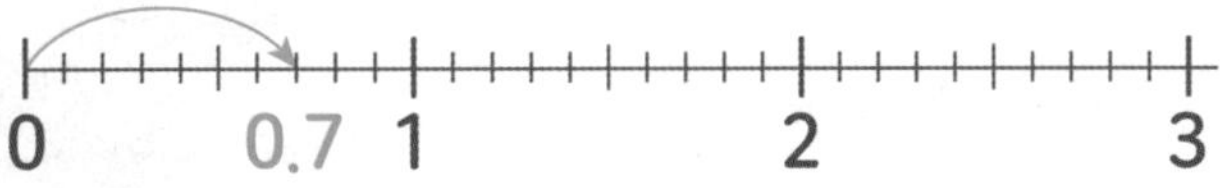

→ 0.7 × 3 = ☐

❸
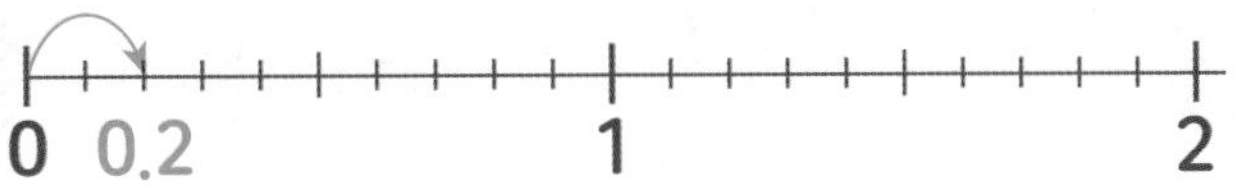

→ 0.2 × 9 = ☐

❹
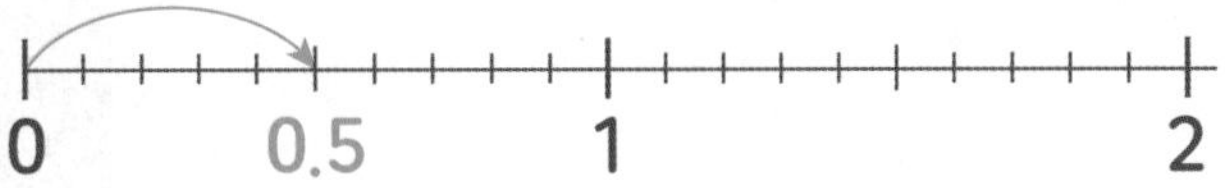

→ 0.5 × 2 = ☐

❺

→ 1.2 × 2 = ☐

❻ 작은 눈금 한 칸을 0.5로 나타냈어!
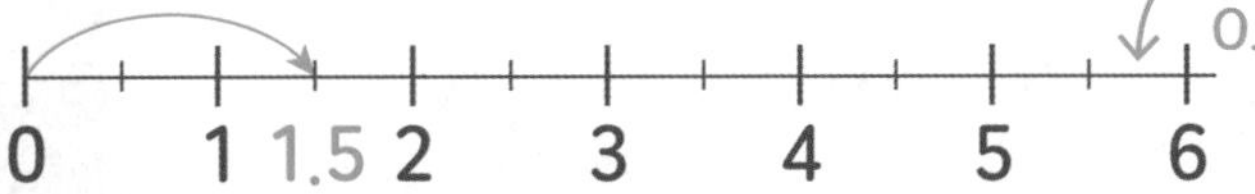

→ 1.5 × 3 = ☐

소수에 따라 작은 눈금 한 칸의 크기를 다르게 나타냈어!

❼
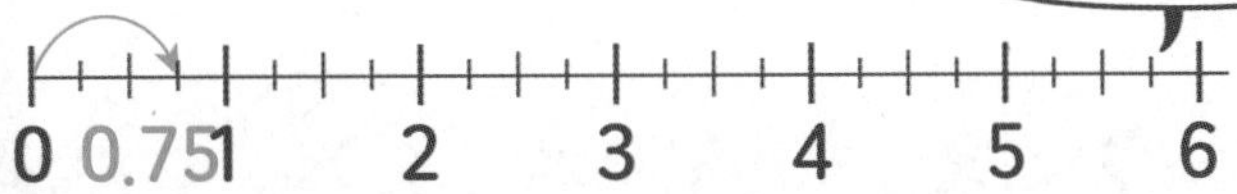

→ 0.75 × 7 = ☐

❽
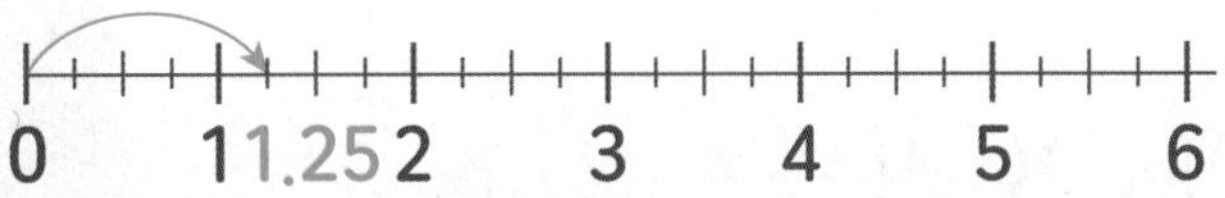

→ 1.25 × 4 = ☐

곱해지는 수를 수직선 위에 나타내고 10으로 똑같이 쪼개었어. 눈금을 세어 표시하고, 값을 구해 봐!

❾

2를 10등분 한 것 중의 7만큼의 눈금을 세었어.

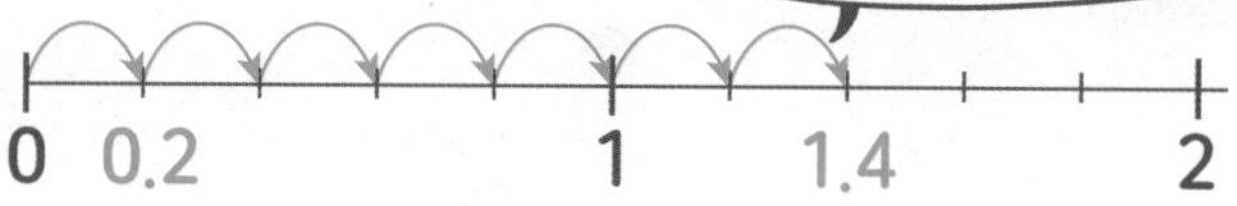

→ $2 \times 0.7 = \square$

❿

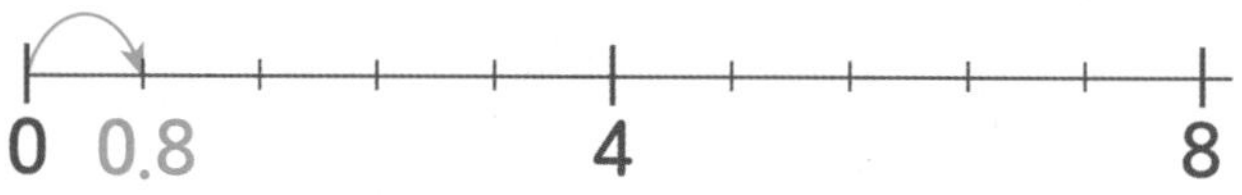

→ $8 \times 0.4 = \square$

⓫

6을 10등분 한 것 중의 9칸을 세어 봐!

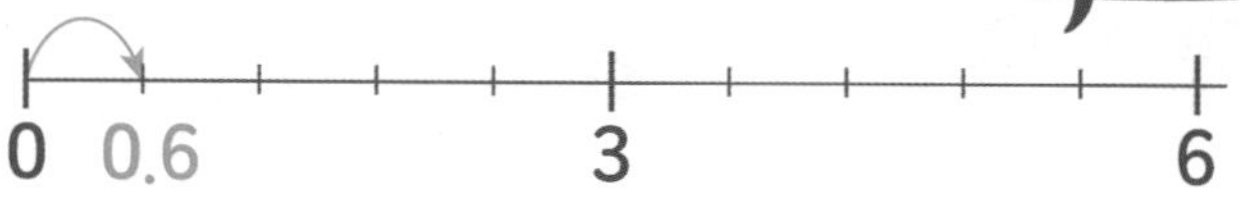

→ $6 \times 0.9 = \square$

⓬

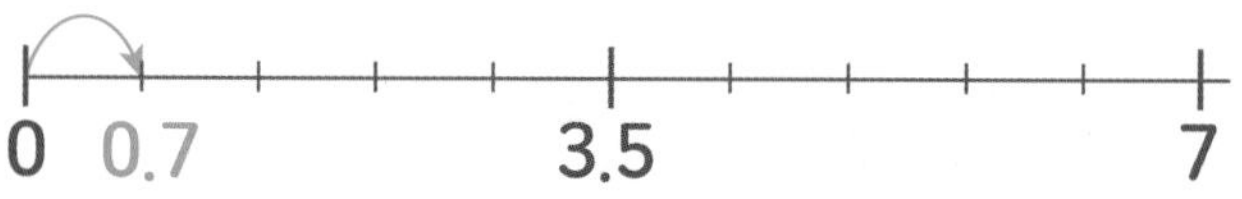

→ $7 \times 0.6 = \square$

⓭

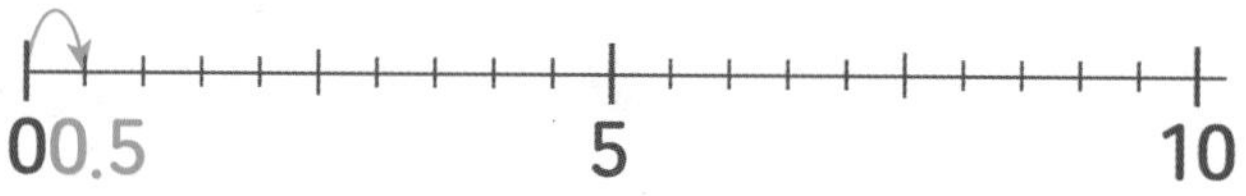

→ $5 \times 1.8 = \square$

⓮

→ $4 \times 1.6 = \square$

⓯

→ $3 \times 1.7 = \square$

⓰

→ $9 \times 2.5 = \square$

공부 끝!

맞힌 개수 /16개

부모님 확인

오늘의 숫자 **78**에 색칠하세요.

Day 31

자연수의 곱셈으로 계산하고 소수의 소수점과 같은 위치에 소수점을 찍어 봐.

자연수의 곱셈처럼 계산하고

	1	3
×		7
	9	1

→ 곱해지는 소수의 소수점과 같은 위치에 소수점을 찍으면 돼.

	1.	3
×		7
	9.	1

❶ 0.2×7

❷ 0.42×3

❸ 5.96×8

❹ 0.85×4

소수점 아래 마지막 숫자 0은 생략해!

❺ 1.234×2

❻ 56.18×3

❼ 0.97×12

❽ 4.86×15

❾ 2.5×25

❿ 2.25×23

⓫ 1.666×22

⓬ 0.562×85

⓭ 25.25×13

⑭ 0.43×21

⑮ 1.86×76

⑯ 1.3×88

⑰ 5.32×95

⑱ 2.36×94

⑲ 1.058×32

⑳ 4.63×48

㉑ 0.93×16

㉒ 0.8×124

㉓ 0.89×235

㉔ 1.11×111

공부 끝!

맞힌 개수 /24개

부모님 확인

오늘의 숫자 **98**에 색칠하세요.

Day 32

(자연수)×(소수)도 (소수)×(자연수)와 계산 방법이 같아.

자연수의 곱셈처럼 계산하고

		3
×	1	6
	4	8

→

곱하는 소수의 소수점과 같은 위치에 소수점을 찍으면 돼.

		3
×	1.	6
	4.	8

❶

				8
×			0.	3

❷

			2	4
×			0.	9

❸

		1	6	5
×			0.	5

❹

	2	0	2	3
×		0.	0	2

❺

		7	5	6
×			0.	6

❻

	1	0	8	4
×		0.	0	9

❼

				9
×			1.	8

❽

			1	3
×			2.	4

❾

			3	3
×			8.	1

❿

		1	2	8
×			1.	6

⓫

			1	3
×		2.	0	3

⓬

		5	0	9
×			3.	2

⓭

				7
×		1.	0	9

⑭

			7	8
×			4.	2

⑮

		2	3	2
×			5.	3

⑯

		6	0	5
×			2.	1

⑰

			6	2
×		3.	0	8

⑱

			1	6
×			9.	2

⑲

		2	0	2
×			1.	4

⑳

			5	3
×		2.	0	5

㉑

		4	2	6
×			7.	6

㉒

				3
×		2.	8	7

㉓

			2	7
×		1	2.	8

㉔

		1	7	3
×		4.	9	6

공부 끝!

맞힌 개수

/24개

부모님 확인

오늘의 숫자 **53**에 색칠하세요.

Day 33

곱의 소수점의 위치를 정확하게 찍어야 해.

❶ 6.4×4

❷ 2.13×3

❸ 0.13×12

❹ 22×1.5

❺ 3×9.4

❻ 6×0.3

❼ 35×1.19

❽ 0.18×5

❾ 0.25×4

❿ 4.15×20

⓫ 3.6×15

⓬ 3×1.04

⓭ 18×0.7

⓮ 41×3.1

⓯ 14×1.38

⑯ 4×0.2

⑰ 5×0.3

⑱ 7×1.7

⑲ 0.1×12

⑳ 3.2×6

㉑ 1.24×8

㉒ 8×9.25

㉓ 15×0.7

㉔ 7×0.54

㉕ 0.7×23

㉖ 1.8×6

㉗ 1.13×9

㉘ 21×2.1

㉙ 102×2.4

㉚ 1.1×7

㉛ 2.6×23

공부 끝!

맞힌 개수

/31개

부모님 확인

오늘의 숫자 **97**에 색칠하세요.

Day 34

소수와 자연수의 순서를
바꾸어 곱해도 결과는 같아.

❶ 3×0.3

❷ 25×0.14

❸ 3×1.24

❹ 0.66×15

❺ 3.3×4

❻ 1.5×8

❼ 0.2×57

❽ 7×0.08

❾ 13×1.3

❿ 4×2.12

⓫ 14×7.45

⓬ 5.8×3

⓭ 2.7×9

⓮ 3.47×35

⓯ 2.56×50

⑯ 2×0.6

⑰ 12×1.2

⑱ 80×0.4

⑲ 8.4×51

⑳ 0.76×7

㉑ 4.2×32

㉒ 3×4.23

㉓ 15×0.22

㉔ 12×1.7

㉕ 2.8×29

㉖ 3.12×12

㉗ 4.83×95

㉘ 21×1.2

㉙ 12×0.54

㉚ 2.9×123

㉛ 2.4×24

공부 끝!

맞힌 개수

/31개

부모님 확인

오늘의 숫자 **64**에 색칠하세요.

연산 놀이터

부모님 확인

마법사가 필요한 물약의 무게를 각각 구해 봐!

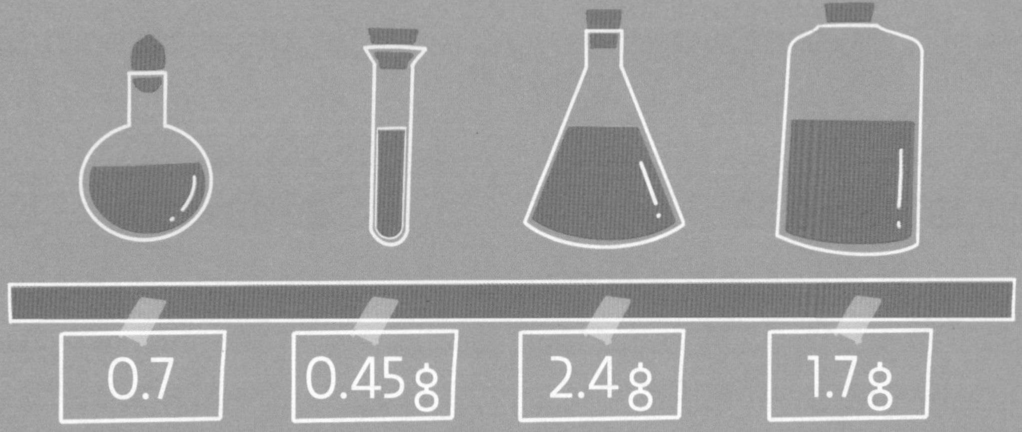

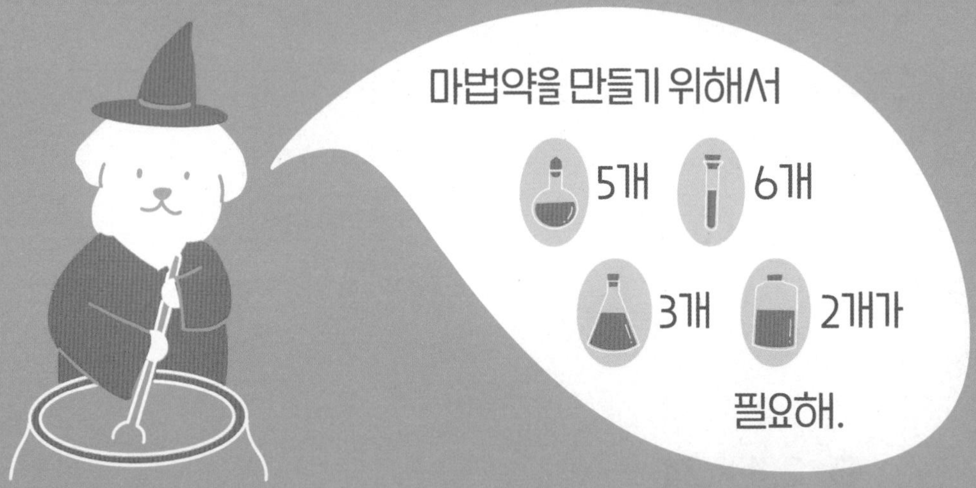

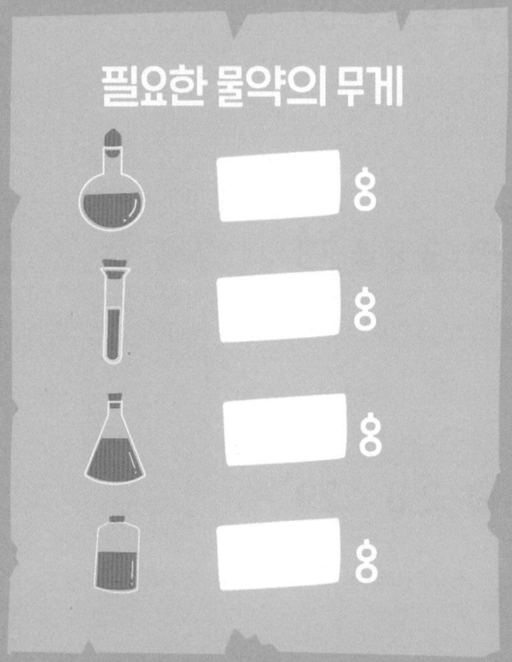

08

(소수)×(소수)

이번에는 무엇을 배울까?

소수와 자연수의 곱셈 | **(소수)×(소수)** | 분수와 소수의 혼합 계산

이렇게 지도해요!

❶ 먼저 설명해 주세요.

(소수)×(소수)의 내용을 그림과 말로 풀어내었습니다. 자연수의 곱셈으로 계산하고, 곱하는 두 소수의 소수점 아래 자리 수의 합만큼 곱의 소수점을 왼쪽으로 옮겨 찍는 방법에 대해 알아봅니다.

❷ 수를 이해하며 계산해요.

설명과 이어지는 그림을 이용하여 Day35에서 재미있게 문제를 풉니다.

❸ 충분히 연습해요.

Day36 ~ Day39의 문제 풀이를 통해 소수끼리의 곱셈을 충분히 풀어 보고, 곱의 소수점의 위치에 대해 이해합니다.

스스로 계획을 세워요!

	공부할 날짜	목표 시간	복습할 날짜
Day 35 (44)	월 / 일	분 / 10개	월 / 일
Day 36 (44)	월 / 일	분 / 23개	월 / 일
Day 37 (44)	월 / 일	분 / 26개	월 / 일
Day 38 (44)	월 / 일	분 / 31개	월 / 일
Day 39 (44)	월 / 일	분 / 31개	월 / 일

선생님의 칠판

0.6 x 0.4의 계산 방법을 알아보자!

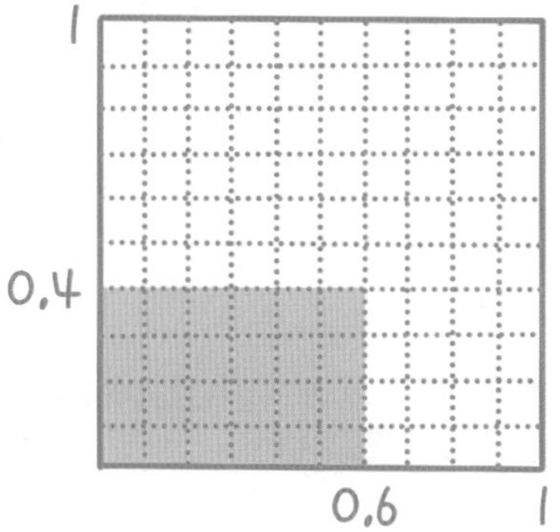

자연수의 곱셈을 이용하면,

$6 \times 4 = 24$

↓ $\frac{1}{10}$배 ↓ $\frac{1}{10}$배 ↓ $\frac{1}{100}$배

$0.6 \times 0.4 = 0.24$

Day 35

**가로는 곱해지는 수,
세로는 곱하는 수만큼 색칠하여
칸의 개수를 구해 봐.**

❶ 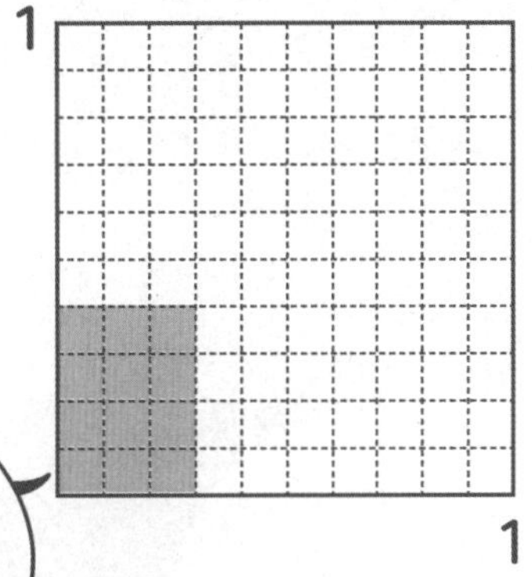

모눈 한 칸의 길이가 0.1이므로 가로 3칸, 세로 4칸인 직사각형 모양으로 색칠했어.

3 × 4 = 12

→ 0.3 × 0.4 = ☐

모눈 한 칸의 크기는 0.01이고 12칸 색칠했으니….

❷ 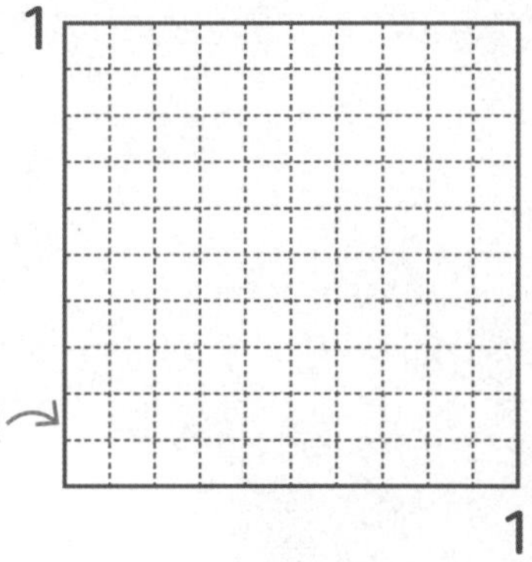

가로 8칸, 세로 2칸인 직사각형 모양으로 색칠해 봐.

8 × 2 = ☐

→ 0.8 × 0.2 = ☐

❸ 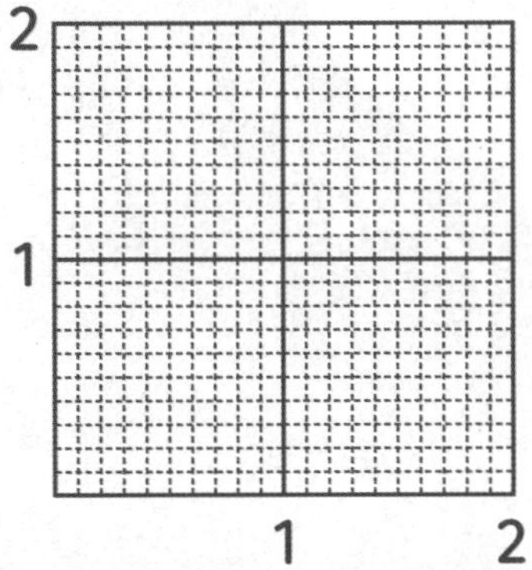

12 × 4 = ☐

→ 1.2 × 0.4 = ☐

❹ 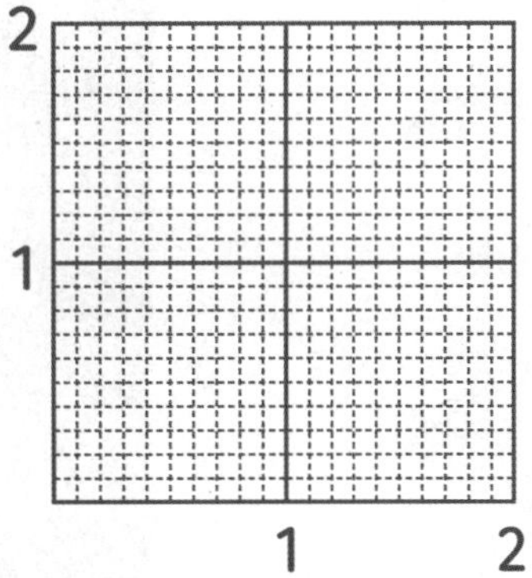

5 × 13 = ☐

→ 0.5 × 1.3 = ☐

❺ 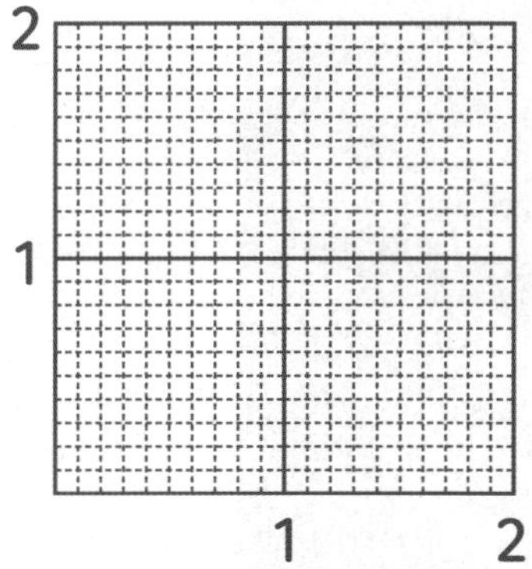

11 × 11 = ☐

→ 1.1 × 1.1 = ☐

❻

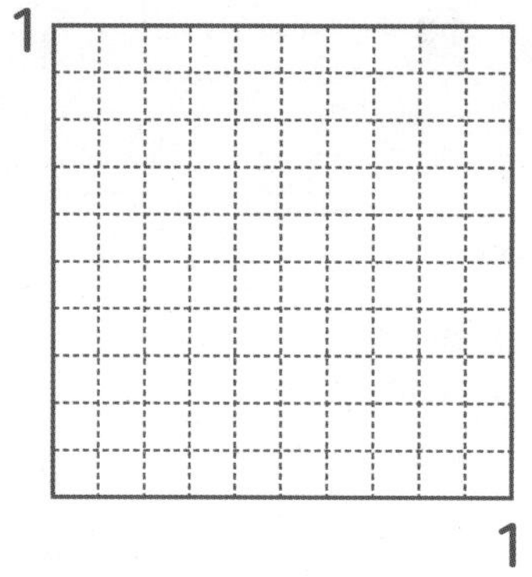

$5 \times 8 =$ ☐

→ $0.5 \times 0.8 =$ ☐

❼

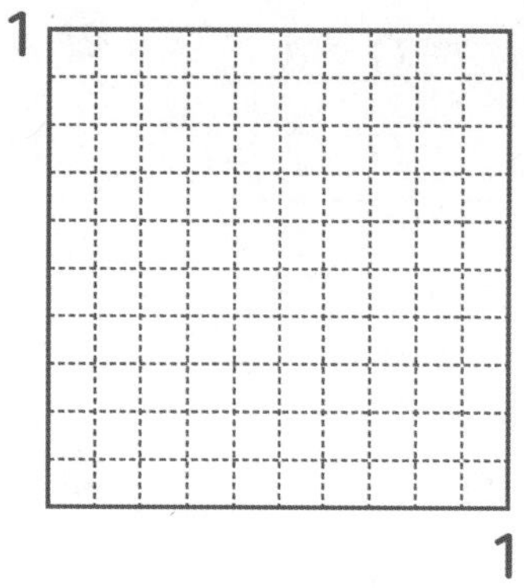

$7 \times 7 =$ ☐

→ $0.7 \times 0.7 =$ ☐

❽

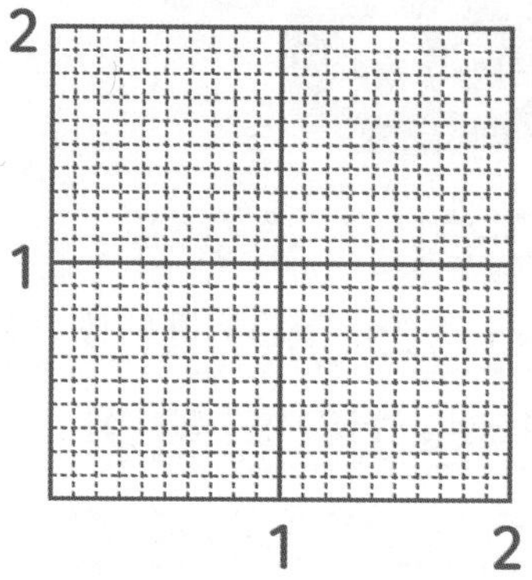

$18 \times 9 =$ ☐

→ $1.8 \times 0.9 =$ ☐

❾

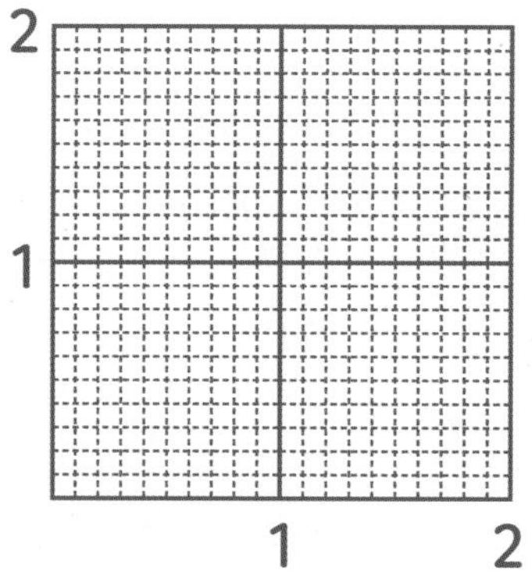

$6 \times 14 =$ ☐

→ $0.6 \times 1.4 =$ ☐

❿

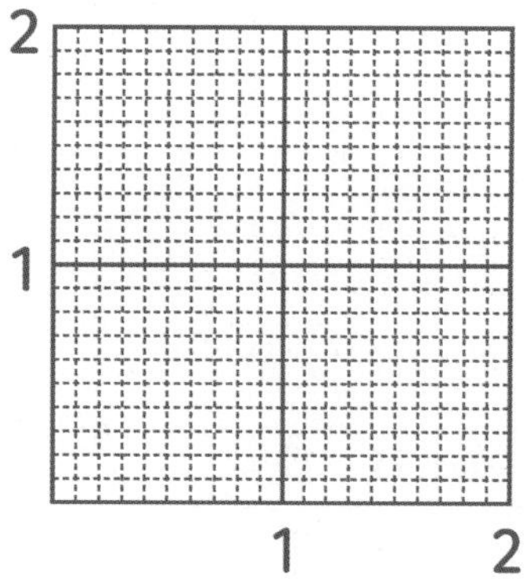

$12 \times 17 =$ ☐

→ $1.2 \times 1.7 =$ ☐

공부 끝!

맞힌 개수

/10개

부모님 확인

오늘의 숫자 **80**에 색칠하세요.

Day 36

곱하는 두 소수의 소수점 아래 자리 수를 더한 것만큼 곱의 소수점을 왼쪽으로 옮겨서 찍어!

		1	3
×		1	2
	1	5	6

자연수의 곱셈처럼 계산해!

소수점은 곱하는 두 소수의
소수점 아래 자리 수의 합만큼
소수점을 왼쪽으로 옮겨서 찍으면 돼.

		1.3		소수 한 자리 수
				+
×		1.2		소수 한 자리 수
				=
	1.56			소수 두 자리 수

❶ 0.4×0.2

❷ 0.25×0.3

소수점 아래 자리 수의 합만큼
소수점을 왼쪽으로 세 자리 옮겨.

❸ 3.6×0.06

❹ 0.85×0.4

소수점 아래
마지막 숫자 0은 생략해!

❺ 1.63×0.8

❻ 2.7×0.07

❼ 0.63×2.3

❽ 1.58×0.36

❾ 2.15×2.9

❿ 4.88×2.5

⓫ 4.09×2.07

⓬ 2.89×0.98

⑬ 0.3×7.8

⑭ 8.25×0.23

⑮ 8.1×4.07

⑯ 5.28×1.7

⑰ 3.7×8.06

⑱ 0.8×7.4

⑲ 3.76×1.1

⑳ 4.51×9.9

㉑ 3.8×1.76

㉒ 1.89×2.87

㉓ 4.08×2.36

공부 끝!

맞힌 개수 /23개

부모님 확인

오늘의 숫자 **45**에 색칠하세요.

Day 37

자연수의 곱셈으로 계산하고 소수점을 찍어.

❶ 1.26 × 0.9

❷ 2.8 × 0.05

❸ 4.96 × 0.7

❹ 0.08 × 0.3

❺ 3.86 × 0.9

❻ 11.8 × 0.6

❼ 6.08 × 0.04

❽ 0.8 × 1.6

❾ 0.28 × 2.7

❿ 7.89 × 0.24

⓫ 5.07 × 0.86

⓬ 4.72 × 7.2

⓭ 0.56 × 3.9

⓮ 5.17 × 1.08

⓯ 0.94 × 0.86

⑯

			2.	8
×		0.	9	8

⑰

		0.	5	6
×		0.	8	3

⑱

		2.	0	9
×		0.	7	4

⑲

		4.	8	6
×			4.	8

⑳

		7	8.	6
×			2.	1

㉑

			3.	7
×		5.	0	8

㉒

		2	4.	8
×		1.	0	7

㉓

			7.	9
×		0.	7	3

㉔

			3.	2
×		2.	9	8

㉕

		1.	9	8
×		3.	4	3

㉖

		0.	5	5
×		7.	2	6

공부 끝!

맞힌 개수 /26개

부모님 확인

오늘의 숫자 48에 색칠하세요.

월 일 /13 분

Day 38

소수점의 위치에 주의해서 계산해 봐.

❶ $\begin{array}{r} 0.4 \\ \times \quad 0.4 \\ \hline \end{array}$

❷ $\begin{array}{r} 0.14 \\ \times \quad 0.3 \\ \hline \end{array}$

❸ $\begin{array}{r} 3.05 \\ \times \quad 1.24 \\ \hline \end{array}$

❹ $\begin{array}{r} 1.3 \\ \times \quad 0.2 \\ \hline \end{array}$

❺ $\begin{array}{r} 0.15 \\ \times \quad 1.5 \\ \hline \end{array}$

❻ $\begin{array}{r} 1.08 \\ \times \quad 0.05 \\ \hline \end{array}$

❼ $\begin{array}{r} 1.25 \\ \times \quad 0.8 \\ \hline \end{array}$

❽ $\begin{array}{r} 0.8 \\ \times \quad 2.4 \\ \hline \end{array}$

❾ $\begin{array}{r} 0.9 \\ \times \quad 1.04 \\ \hline \end{array}$

❿ $\begin{array}{r} 0.11 \\ \times \quad 3.21 \\ \hline \end{array}$

⓫ $\begin{array}{r} 1.3 \\ \times \quad 1.1 \\ \hline \end{array}$

⓬ $\begin{array}{r} 1.5 \\ \times \quad 0.8 \\ \hline \end{array}$

⓭ $\begin{array}{r} 3.2 \\ \times \quad 1.05 \\ \hline \end{array}$

⓮ $\begin{array}{r} 1.01 \\ \times \quad 1.01 \\ \hline \end{array}$

⓯ $\begin{array}{r} 3.72 \\ \times \quad 2.82 \\ \hline \end{array}$

⑯ 0.2×0.6

⑰ 0.3×0.11

⑱ 1.1×0.11

⑲ 0.48×0.2

⑳ 0.12×0.8

㉑ 1.91×0.4

㉒ 1.92×0.5

㉓ 0.28×0.5

㉔ 0.76×0.4

㉕ 1.1×1.9

㉖ 0.6×0.9

㉗ 0.21×2.1

㉘ 0.99×0.2

㉙ 3.2×1.8

㉚ 1.25×4.2

㉛ 1.42×2.1

공부 끝!

맞힌 개수

/31개

부모님 확인

오늘의 숫자 **96**에 색칠하세요.

Day 39

자연수의 곱셈으로 계산하고 소수점 찍는 걸 잊지 마!

❶ $\begin{array}{r} 0.3 \\ \times \quad 0.5 \\ \hline \end{array}$

❷ $\begin{array}{r} 0.12 \\ \times \quad 0.14 \\ \hline \end{array}$

❸ $\begin{array}{r} 2.51 \\ \times \quad 1.4 \\ \hline \end{array}$

❹ $\begin{array}{r} 2.4 \\ \times \quad 1.8 \\ \hline \end{array}$

❺ $\begin{array}{r} 0.5 \\ \times \quad 0.23 \\ \hline \end{array}$

❻ $\begin{array}{r} 4.01 \\ \times \quad 0.18 \\ \hline \end{array}$

❼ $\begin{array}{r} 1.6 \\ \times \quad 0.81 \\ \hline \end{array}$

❽ $\begin{array}{r} 0.7 \\ \times \quad 0.2 \\ \hline \end{array}$

❾ $\begin{array}{r} 0.72 \\ \times \quad 2.56 \\ \hline \end{array}$

❿ $\begin{array}{r} 0.35 \\ \times \quad 0.04 \\ \hline \end{array}$

⓫ $\begin{array}{r} 0.96 \\ \times \quad 0.41 \\ \hline \end{array}$

⓬ $\begin{array}{r} 1.5 \\ \times \quad 1.6 \\ \hline \end{array}$

⓭ $\begin{array}{r} 1.02 \\ \times \quad 2.75 \\ \hline \end{array}$

⓮ $\begin{array}{r} 1.54 \\ \times \quad 3.65 \\ \hline \end{array}$

⓯ $\begin{array}{r} 2.5 \\ \times \quad 1.28 \\ \hline \end{array}$

⑯ 0.6×0.6

⑰ 2.19×2.1

⑱ 0.24×0.8

⑲ 0.4×0.5

⑳ 1.3×0.8

㉑ 0.46×0.16

㉒ 0.3×0.48

㉓ 1.4×2.52

㉔ 1.75×2.4

㉕ 4.4×5.8

㉖ 0.4×4.5

㉗ 2.02×0.2

㉘ 2.1×0.51

㉙ 0.42×2.9

㉚ 0.18×0.6

㉛ 5.17×5.78

공부 끝!

맞힌 개수

/31개

부모님 확인

오늘의 숫자 **50**에 색칠하세요.

연산 놀이터

양말 한 켤레의 가격은 각각의 양말에 달린 가격표의 숫자를 곱한 값이야.
양말 한 켤레의 가격을 구해 볼까?

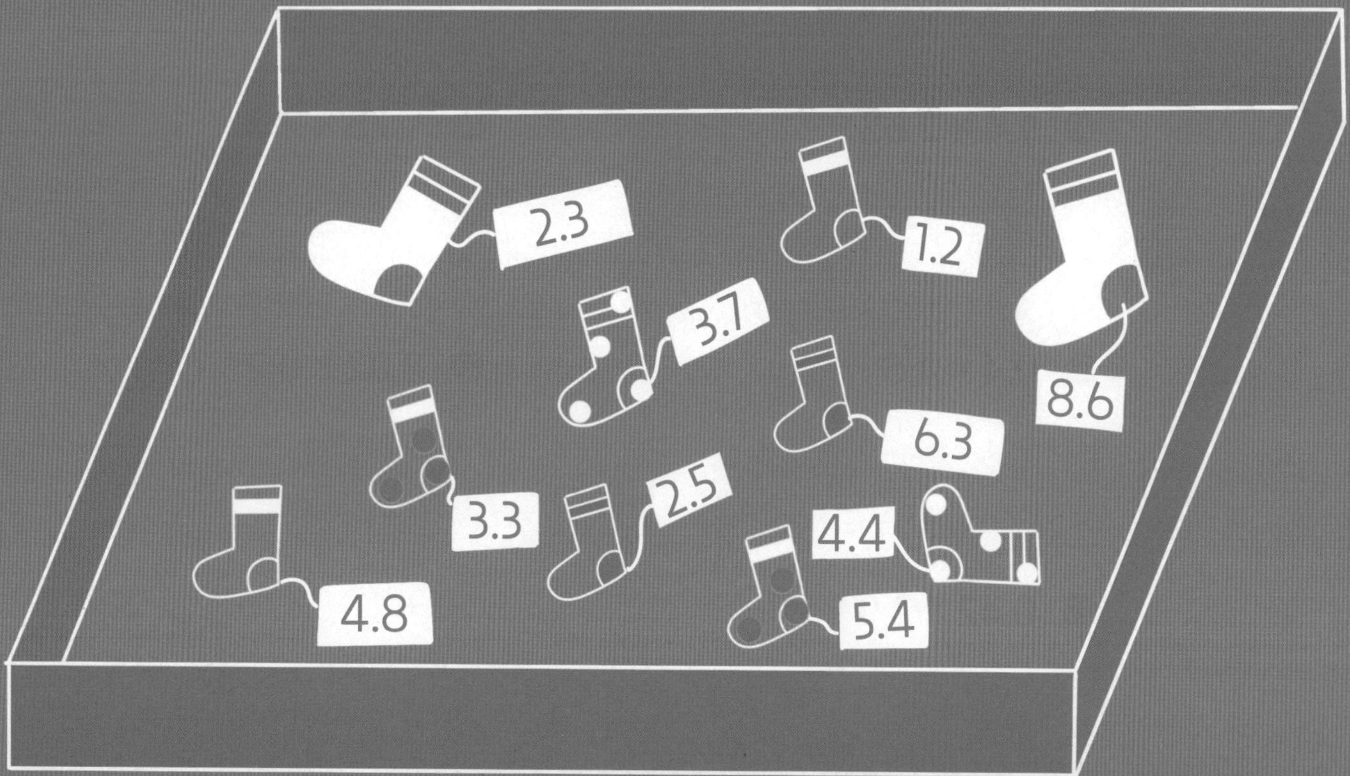

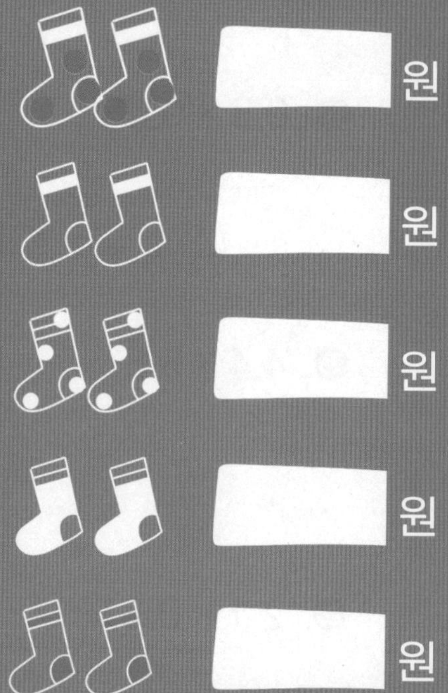

09

분수와 소수의 혼합 계산

이번에는 무엇을 배울까?

(소수)×(소수)

분수와 소수의 혼합 계산

(자연수)÷(자연수), (진분수)÷(자연수)

이렇게 지도해요!

❶ 먼저 설명해 주세요.

분수와 소수가 혼합되었을 때 계산하는 방법을 식으로 나타내었습니다. 이 경우에는 모두 분수로 나타내거나 모두 소수로 나타내어 계산하면 됨을 이해합니다.

❷ 수를 이해하며 계산해요.

설명과 이어지는 식을 이용하여 Day40에서 분수를 소수로, 소수를 분수로 바꾸는 법을 익히고 계산에 적용해 봅니다.

❸ 충분히 연습해요.

괄호와 곱셈, 덧셈(또는 뺄셈)이 혼합된 계산을 할 때의 순서에 대해 이해하고 Day41 ~ Day44의 문제 풀이를 통해 충분히 익힙니다.

스스로 계획을 세워요!

	공부할 날짜	목표 시간	복습할 날짜
Day 40/44	월 / 일	분 / 29개	월 / 일
Day 41/44	월 / 일	분 / 16개	월 / 일
Day 42/44	월 / 일	분 / 16개	월 / 일
Day 43/44	월 / 일	분 / 16개	월 / 일
Day 44/44	월 / 일	분 / 18개	월 / 일

선생님의 칠판

분수와 소수가 혼합된 식은 어떻게 계산할까?

〈방법1〉

소수를 분수로
고쳐서 계산하기

$0.7 \times \frac{1}{3}$을

(분수)×(분수)의 곱셈으로 바꾸면

$\frac{7}{10} \times \frac{1}{3} = \frac{7}{30}$

〈방법2〉

분수를 소수로
고쳐서 계산하기

$0.3 \times \frac{7}{10}$을

(소수)×(소수)의 곱셈으로 바꾸면

$0.3 \times 0.7 = 0.21$

월 일 /10 분

Day 40

소수를 분수로, 분수를 소수로 바꿔 보자.

$0.12 = \frac{12}{100} = \frac{3}{25}$

소수를 분수로 나타내고, 약분하여 기약분수로 나타내.

$\frac{3}{4} = \frac{75}{100} = 0.75$

분수의 분모를 10, 100, 1000으로 나타낼 수 있으면 소수로 바꿀 수 있어.

❶ $\frac{3}{100}$

❷ $\frac{7}{40}$

❸ $\frac{7}{125}$

❹ 0.3

❺ 0.84

❻ 0.15

❼ $\frac{3}{25}$

❽ $\frac{49}{50}$

❾ $2\frac{3}{10}$

❿ 0.136

⓫ 0.823

⓬ 2.12

⓭ 0.875

⓮ $\frac{7}{20}$

⓯ 8.75

⓰ $2\frac{17}{40}$

소수를 분수로 바꿀지
분수를 소수로 바꿀지
잘 선택해서 계산해 봐.

⑰ $\frac{7}{10} + 0.5$

분수를 소수로 바꾸면 0.7이야.
→ 0.7+0.5로 계산할 수 있어.

⑱ $2\frac{3}{10} - 0.8$

소수를 분수로 바꾸면 $\frac{8}{10}$이야.
→ $2\frac{3}{10} - \frac{8}{10}$로 계산할 수 있어.

⑲ $\frac{4}{5} + 3.5$

⑳ $\frac{2}{5} \times 2.5$

㉑ $\frac{13}{20} - 0.23$

㉒ $0.24 \times \frac{10}{21}$

㉓ $0.62 + \frac{13}{40}$

㉔ $2.126 - 1\frac{27}{50}$

㉕ $\frac{1}{8} + 0.35$

㉖ $\frac{5}{6} \times 0.12$

㉗ $1\frac{3}{4} - 0.9$

㉘ $0.7 \times \frac{3}{7}$

㉙ $\frac{17}{30} \times 3.6$

공부 끝!

맞힌 개수 /29개

부모님 확인

오늘의 숫자 **84**에 색칠하세요.

Day 41

분수나 소수로 바꾸고 앞에서부터 순서대로 계산하면 돼.

$\frac{7}{10} + 0.3 + \frac{1}{5}$

소수를 분수로: $\frac{7}{10} + \frac{3}{10} + \frac{1}{5} = 1\frac{1}{5}$

분수를 소수로: $0.7 + 0.3 + 0.2 = 1.2$

계산 결과는 같아.

❶ $\frac{1}{6} + 0.3 + \frac{11}{12}$

❷ $\frac{27}{100} + 0.124 + \frac{4}{5}$

❸ $\frac{1}{6} + \frac{7}{16} + 0.25$

❹ $0.1 + \frac{3}{10} + 0.22$

❺ $0.14 + 2\frac{3}{10} - 1.284$

❻ $0.75 + \frac{5}{12} + 2.25$

❼ $\frac{23}{24} + 1.125 - 1\frac{3}{4}$

❽ $2\frac{1}{7} - 0.4 + \frac{2}{5}$

❾ $\frac{7}{15} + 0.5 - \frac{1}{6}$

❿ $2.5 + \frac{3}{4} + 1.25$

⓫ $\frac{1}{8} + 4.7 - 2\frac{3}{20}$

⓬ $3\frac{1}{2} - 1.64 + 2.7$

⓭ $6.4 - 2\frac{1}{3} - 2.8$

⓮ $0.125 \times \frac{8}{9} \times 0.5$

⓯ $1.2 \times 1\frac{1}{3} \times \frac{5}{7}$

⓰ $1.5 \times \frac{5}{12} \times 2.4$

공부 끝!

맞힌 개수

/16개

부모님 확인

오늘의 숫자 **46**에 색칠하세요.

Day 42

곱셈을 덧셈과 뺄셈보다 먼저 계산해.

$1.5 + \frac{2}{3} \times 3.6 = 3.9$

❶ 곱셈을 먼저 계산해.

$\frac{\cancel{2}^{1}}{\cancel{3}_{1}} \times \frac{\cancel{36}^{12}}{\cancel{10}_{5}} = \frac{12}{5} = 2.4$

❷ $1.5 + 2.4 = 3.9$

❶ $4.56 - 1.2 \times 2\frac{2}{3}$

❷ $4\frac{1}{3} + 0.5 \times \frac{5}{6}$

❸ $1.21 \times \frac{5}{11} - 0.145$

❹ $\frac{24}{25} \times 4.2 + 0.014$

❺ $7\frac{3}{8} - 4 \times 0.248$

❻ $3.75 - \frac{3}{4} \times 3$

❼ $6\frac{27}{40} + 0.174 \times \frac{1}{2}$

❽ $0.15 + 1.5 \times 1\frac{2}{3}$

❾ $0.75 - \frac{1}{12} \times 0.8$

❿ $1\frac{3}{20} \times 0.4 - 0.111$

⓫ $0.64 \times \frac{1}{4} + 0.241$

⓬ $1.25 + \frac{5}{12} \times 3$

⓭ $2\frac{2}{3} \times 1.2 - 1$

⓮ $2.4 - \frac{1}{3} \times \frac{1}{5}$

⓯ $\frac{3}{11} + 4 \times 0.2$

⓰ $2\frac{1}{7} \times 0.6 + \frac{3}{14}$

공부 끝!

맞힌 개수

/16개

부모님 확인

오늘의 숫자 **95**에 색칠하세요.

Day 43

괄호가 있는 식은 괄호 안을 가장 먼저 계산해.

$3 + 0.8 \times \left(1\frac{3}{5} - 1.1\right) = 3.4$

❶ 괄호를 먼저 계산해. → 1.6−1.1=0.5

❷ 곱셈을 계산해. → 0.8×0.5=0.4

❸ 덧셈(또는 뺄셈)을 계산해. → 3+0.4=3.4

❶ $1.6 - \left(\frac{2}{3} + 0.15\right)$

❷ $\frac{5}{6} - \left(0.5 - \frac{5}{12}\right) - 0.05$

❸ $1.5 - \left(\frac{1}{4} + \frac{1}{3} - 0.5\right)$

❹ $2\frac{3}{7} - \left(1\frac{6}{7} - 0.3\right) + \frac{1}{14}$

❺ $\frac{11}{125} + 0.42 - \left(\frac{3}{40} - 0.07\right)$

❻ $1\frac{3}{10} - \left(0.7 - \frac{1}{5}\right)$

❼ $2\frac{1}{40} - (1 + 0.1) + \frac{1}{2}$

❽ $\frac{2}{11} \times \left(0.8 + \frac{3}{10}\right)$

❾ $0.5 \times \left(1\frac{1}{3} - \frac{7}{8}\right)$

❿ $\frac{3}{20} \times \left(\frac{4}{15} + 0.3\right) + 0.2$

⓫ $\frac{1}{3} \times \left(\frac{19}{40} - 0.238\right) + 0.001$

⓬ $1.9 + \frac{43}{100} - 1.6 \times \frac{1}{12}$

⓭ $0.6 + 3 \times \left(1\frac{1}{6} - 0.7\right)$

⓮ $1.5 - \left(0.04 + \frac{24}{25}\right) \times \frac{3}{7}$

⓯ $\frac{3}{4} - \left(2\frac{3}{20} - 2.1\right) \times 3$

⓰ $2\frac{7}{25} + 1\frac{1}{20} - (0.125 + 1.2)$

공부 끝!

맞힌 개수

/16개

부모님 확인

오늘의 숫자 62에 색칠하세요.

Day 44

괄호 안을 가장 먼저!
곱셈 → 덧셈(또는 뺄셈) 순서로 계산해.

❶ $\frac{4}{7} + 0.1 - \frac{2}{5}$

❷ $\frac{5}{8} \times 0.72 + 1.9$

❸ $1.8 - \frac{3}{14} + \frac{1}{20}$

❹ $1.64 - \left(\frac{3}{50} + \frac{3}{20}\right)$

❺ $0.35 + 1\frac{2}{15} \times \frac{3}{7}$

❻ $2.89 - 1.5 \times \frac{7}{15}$

❼ $\frac{5}{12} \times \left(0.3 - \frac{6}{25}\right)$

❽ $\frac{1}{6} + 0.7 \times \frac{1}{5}$

❾ $2 - \frac{4}{7} \times 1.75$

⑩ $0.421 + \frac{3}{40} - 0.008$

⑪ $0.02 + \frac{1}{8} \times 1.64$

⑫ $0.3 \times 0.04 + \frac{13}{40}$

⑬ $\frac{3}{4} + 0.15 \times 8 - \frac{1}{5}$

⑭ $\frac{11}{75} \times 1.8 - \left(0.12 + \frac{7}{50}\right)$

⑮ $1.2 - \left(\frac{1}{3} + \frac{1}{4}\right) \times \frac{3}{7}$

⑯ $2 \times \left(1\frac{3}{20} - \frac{1}{4}\right) + 0.4$

⑰ $\frac{2}{5} + \left(1.5 - \frac{1}{7}\right) \times 0.4$

⑱ $\frac{6}{7} - \left(0.4 + 1\frac{3}{5}\right) \times \frac{3}{14}$

공부 끝!

맞힌 개수

/18개

부모님 확인

오늘의 숫자 **13**에 색칠하세요.

연산 놀이터

부모님 확인

크리스마스트리 꾸미기를 하고 있어!
계산 결과가 큰 순서대로 위쪽에 매달려고 해.
올바르게 계산해 보고 장식품의 기호를 트리에 적어 봐!

Ⓐ $3.14 \times \frac{3}{4} + \frac{2}{5}$

Ⓑ $5.4 \times \left(\frac{7}{12} - \frac{1}{6}\right)$

Ⓒ $0.2 + 4.3 \times 1\frac{1}{2}$

Ⓓ $\frac{1}{2} \times 3.9 - 0.7$

Ⓔ $\frac{4}{7} \times (1.2 + 1.6)$

연산

범위 1단계 ~ 5단계

실력 점검하기

맞힌 개수: /36 걸린 시간: /분

01 1020 (올림하여 백의 자리까지)

→ (　　　　　　)

02 4.723 (버림하여 일의 자리까지)

→ (　　　　　　)

03 2861 (반올림하여 천의 자리까지)

→ (　　　　　　)

04 4823 (올림하여 십의 자리까지)

→ (　　　　　　)

05 18581 (버림하여 백의 자리까지)

→ (　　　　　　)

06 0.555 (반올림하여 소수 첫째 자리까지)

→ (　　　　　　)

07 19999 (버림하여 만의 자리까지)

→ (　　　　　　)

08 0.5462 (반올림하여 소수 둘째 자리까지)

→ (　　　　　　)

09 $\frac{1}{4} \times 3$

10 $\frac{3}{8} \times 12$

11 $\frac{12}{35} \times 21$

12 $2\frac{2}{5} \times 2$

13 $1\frac{1}{9} \times 3$

14 $2\frac{5}{24} \times 21$

15 $1\frac{13}{75} \times 15$

16 $3 \times \frac{3}{10}$

17 $4 \times \frac{5}{6}$

18 $15 \times \frac{13}{25}$

19 $7 \times 2\frac{1}{3}$

20 $6 \times 3\frac{3}{4}$

21 $10 \times 2\frac{3}{16}$

22 $27 \times 1\frac{4}{81}$

23 $\frac{1}{2} \times \frac{3}{4}$

24 $\frac{5}{6} \times \frac{3}{10}$

25 $\frac{5}{14} \times \frac{12}{25}$

26 $\frac{11}{12} \times \frac{3}{4}$

27 $\frac{11}{14} \times \frac{21}{44}$

28 $\frac{27}{49} \times \frac{35}{54}$

29 $\frac{16}{63} \times \frac{35}{72}$

30 $2\frac{1}{5} \times 1\frac{2}{3}$

31 $4\frac{4}{9} \times 1\frac{1}{5}$

32 $1\frac{3}{4} \times 2\frac{1}{4}$

33 $1\frac{2}{5} \times 1\frac{11}{14}$

34 $1\frac{5}{16} \times 1\frac{3}{5}$

35 $2\frac{1}{12} \times 2\frac{7}{10}$

36 $8\frac{2}{3} \times 1\frac{3}{52}$

연산

범위 6단계 ~ 9단계

실력 점검하기

맞힌 개수: /43 걸린 시간: /분

01 $\frac{1}{4} \times \frac{1}{2} \times \frac{4}{9}$

02 $\frac{1}{8} \times \frac{3}{4} \times \frac{2}{3}$

03 $\frac{1}{7} \times 1\frac{3}{4} \times \frac{2}{3}$

04 $\frac{1}{2} \times \frac{9}{16} \times 2\frac{2}{7}$

05 $1\frac{5}{6} \times 2\frac{1}{4} \times \frac{10}{11}$

06 $2\frac{2}{3} \times \frac{5}{8} \times 2\frac{1}{10}$

07 $\frac{4}{9} \times 4\frac{1}{2} \times 4\frac{5}{7}$

08 $1\frac{13}{42} \times \frac{9}{16} \times 1\frac{2}{5}$

09 $\begin{array}{r} 0.6 \\ \times \quad 2 \\ \hline \end{array}$

10 $\begin{array}{r} 2.15 \\ \times \quad 4 \\ \hline \end{array}$

11 $\begin{array}{r} 5 \\ \times \quad 2.4 \\ \hline \end{array}$

12 $\begin{array}{r} 3 \\ \times 0.17 \\ \hline \end{array}$

13 0.3×4

14 1.25×6

15 4.2×30

16 0.158×4

17 6×0.4

18 12×6.3

19 23×2.59

20 105×4.6

21 $\begin{array}{r} 0.6 \\ \times\ 0.2 \\ \hline \end{array}$

22 $\begin{array}{r} 1.1 \\ \times\ 5.4 \\ \hline \end{array}$

23 $\begin{array}{r} 0.7 \\ \times\ 0.06 \\ \hline \end{array}$

24 $\begin{array}{r} 3.87 \\ \times\ 1.6 \\ \hline \end{array}$

25 $\begin{array}{r} 9.32 \\ \times\ 0.54 \\ \hline \end{array}$

26 $\begin{array}{r} 1.38 \\ \times\ 25.1 \\ \hline \end{array}$

27 0.6×0.9

28 1.4×2.8

29 12.5×3.6

30 0.23×0.08

31 0.15×12.6

32 1.2×4.89

33 13.2×25.6

34 $\frac{1}{3} + 0.4$

35 $1.6 \times \frac{3}{4}$

36 $5.24 - 4\frac{2}{5} + 1.3$

37 $0.248 + \frac{3}{8} + 0.789$

38 $\frac{2}{3} \times 2.4 \times \frac{7}{8}$

39 $\frac{3}{4} + 4.24 \times \frac{1}{8}$

40 $7.32 - 2.4 \times 1\frac{1}{6}$

41 $1\frac{7}{10} - \left(\frac{2}{3} + 0.2\right)$

42 $\left(\frac{1}{3} + 1.25\right) \times \frac{6}{7}$

43 $10.25 - \left(2\frac{1}{4} - 0.5\right) \times 3$

연산

범위 1단계 ~ 9단계

실력 점검하기

맞힌 개수: /38 걸린 시간: /분

01 1234 (올림하여 십의 자리까지)

→ (　　　　　　　　)

02 46593 (버림하여 백의 자리까지)

→ (　　　　　　　　)

03 5533 (반올림하여 천의 자리까지)

→ (　　　　　　　　)

04 0.8613 (반올림하여 소수 둘째 자리까지)

→ (　　　　　　　　)

05 $\frac{1}{3} \times 8$

06 $\frac{5}{14} \times 7$

07 $1\frac{5}{8} \times 12$

08 $1\frac{1}{15} \times 21$

09 $7 \times \frac{2}{9}$

10 $14 \times \frac{5}{16}$

11 $4 \times 3\frac{1}{2}$

12 $10 \times 1\frac{5}{12}$

13 $\frac{1}{2} \times \frac{1}{8}$

14 $\frac{1}{3} \times \frac{6}{13}$

15 $\frac{15}{16} \times \frac{12}{25}$

16 $\frac{7}{24} \times \frac{5}{6}$

17 $1\frac{1}{2} \times 1\frac{2}{3}$

18 $3\frac{1}{5} \times 1\frac{7}{8}$

19 $2\frac{1}{12} \times 1\frac{1}{15}$

20 $7\frac{1}{2} \times 1\frac{2}{25}$

21 $\frac{3}{5} \times \frac{2}{9} \times \frac{5}{18}$

22 $\frac{2}{7} \times \frac{1}{4} \times \frac{14}{15}$

23 $\frac{3}{10} \times \frac{4}{9} \times \frac{5}{12}$

24 $3\frac{1}{2} \times \frac{5}{14} \times \frac{5}{8}$

25 $2\frac{1}{7} \times \frac{7}{10} \times 1\frac{2}{5}$

26 $1\frac{3}{17} \times 1\frac{1}{2} \times 2\frac{3}{7}$

27 0.8×6

28 0.42×12

29 3.6×24

30 10.125×6

31 2×1.6

32 7×2.29

33 14×3.865

34 32×3.225

35 $0.8 + \frac{3}{8} - 0.004$

36 $\left(6.4 - \frac{3}{4}\right) \times 2.44$

37 $\left(1.125 + \frac{3}{8}\right) \times \frac{4}{9}$

38 $10.46 - 3 \times \left(\frac{3}{20} + 0.3\right)$